高等职业教育分类考试
农林类专业理论测试
复习指导

主　编　邹世平　张　敏　杜华平

副主编　肖红梅　李天容　李西跃　吴国超

参　编　李小平　李华燕　李　杨　田晓庆

　　　　罗　浩　谭灵杰　曹会娟　周维兰

　　　　郭丽娜　刘　玮　涂丽容

重庆大学出版社

图书在版编目(CIP)数据

高等职业教育分类考试农林类专业理论测试复习指导/
邹世平,张敏,杜华平主编. -- 重庆:重庆大学出版社,
2023.10
（中职升学考试丛书）
ISBN 978-7-5689-4173-0

Ⅰ.①高… Ⅱ.①邹… ②张… ③杜… Ⅲ.①农业—
中等专业学校—升学参考资料②林业—中等专业学校—升
学参考资料 Ⅳ.①S

中国国家版本馆 CIP 数据核字(2023)第 203277 号

中职升学考试丛书

高等职业教育分类考试农林类专业理论测试复习指导
GAODENG ZHIYE JIAOYU FENLEI KAOSHI NONGLIN LEI ZHUANYE LILUN CESHI FUXI ZHIDAO

主 编 邹世平 张 敏 杜华平
副主编 肖红梅 李天容 李西跃 吴国超
责任编辑:陈一柳 版式设计:陈一柳
责任校对:王 倩 责任印制:赵 晟

*

重庆大学出版社出版发行
出版人:陈晓阳
社址:重庆市沙坪坝区大学城西路 21 号
邮编:401331
电话:(023) 88617190 88617185(中小学)
传真:(023) 88617186 88617166
网址:http://www.cqup.com.cn
邮箱:fxk@ cqup.com.cn (营销中心)
全国新华书店经销
重庆华林天美印务有限公司印刷

*

开本:787mm×1092mm 1/16 印张:14 字数:351 千
2023 年 10 月第 1 版 2023 年 10 月第 1 次印刷
ISBN 978-7-5689-4173-0 定价:39.00 元

前言 *Qianyan*

高等职业教育分类考试(以下简称"高职分类考试")是普通高考改革的重要举措,是普通高考的重要组成部分,关系国家改革发展大计,关系千万学子前途,关系社会和谐稳定。自2018年重庆市实行高职分类考试以来,高职分类考试与普通高考相对分开的考试模式已基本形成,高职分类考试正逐步成为重庆市高职专科层次招生和中等职业学校毕业生升学的主渠道。

为了给农林类专业广大考生提供全面的复习指导,由重庆市教育科学研究院职业教育与成人教育研究所牵头,由重庆市农业学校、重庆市北碚职业教育中心、重庆市涪陵第一职业中学校、重庆市垫江县职业教育中心、重庆市酉阳职业教育中心、重庆市巫溪县职业教育中心、重庆市秀山职业教育中心、重庆城市职业学院等中高职院校共同参与,组织具有丰富理论和实践经验的学科专家、行业专家和专业骨干教师共同编写了本套教材。

本套教材以重庆市教育考试院公布的《2023年重庆市高等职业教育分类考试专业综合理论测试园林类考试说明》《2023年重庆市高等职业教育分类考试园林类专业技能测试考试说明》为依据,秉持追求权威性、导向性、科学性、实用性原则,分别编写了《高等职业教育分类考试农林类专业理论测试复习指导》和《高等职业教育分类考试农林类专业技能测试复习指导》,让广大考生可以全面、系统、快速、高效地备考。

《高等职业教育分类考试农林类专业理论测试复习指导》依据考试大纲,由"园林植物""园林植物栽培养护""园林工程施工与管理"三个部分组成,体例结构按单元划分,每个单元设置考点分析、题型与分值、相关知识、真题演练、习题练习等模块,相关知识模块以表格形式罗列考点,并根据考试难易程度和考试频率赋予相应星级,便于考生重点复习掌握。本书后面附有自2016年以来高职分类考试真题6套以及模拟题10套,帮助考生开阔思维、增加知识积累。本书内容翔实实用,可供参加重庆市高职分类考试园林类专业考生复习时使用,也可作为园林类专业一、二年级学生课程复习指导使用。

在本书的编写过程中,得到了重庆三峡职业学院、重庆城市职业学院等多家单位和个人的大力支持和悉心指导,在此深表感谢!

由于时间仓促,书中难免存有谬误和不足之处,敬请广大读者批评指正,以利于我们改进和提高。

编写组
2023年3月

目　录 *Mulu*

重庆市高等职业教育分类考试园林类专业综合理论测试考试说明

一、考试范围及分值比例

编号	课程名称	分值比例
课程一	园林植物	约 35%
课程二	园林工程施工与管理	约 20%
课程三	园林植物栽培养护	约 45%

二、考试形式及试卷结构

1. 考试为闭卷,笔试;试卷满分 200 分。

2. 考试时间 120 分钟。

3. 试卷包含难题约 10%,中等难度试题约 10%,容易题约 80%。

4. 题型与分值比例如下:

编号	题型	分值比例
一	单项选择题	约 45%
二	判断题	约 40%
三	简答题	约 15%

三、考试内容及要求

课程一:园林植物

(一)绪论

1. 了解园林植物的概念。

2. 了解园林植物在园林建设中的地位和作用。

3. 理解我国园林植物资源及分布。

(二)园林植物应用

1. 了解园林植物的选择与配植原则。

2. 了解园林树木特性与环境条件的关系。

3. 理解各类园林植物(树木、花卉、藤本、水生、地被等植物)在园林绿地中的应用。

4. 理解园林树木的配植形式,掌握规则式与自然式配植要求。

5. 理解花坛、花境的类型,掌握其设计要求。

6. 理解水生植物的类型及设计要求。

(三)园林植物的分类

1. 了解植物分类的方法,明确自然分类法的 7 个层次划分;了解"双名法"和命名规定,理解植物的人为分类法。

2. 了解植物分类检索表的应用。

3. 了解蕨类植物门和种子植物门的主要形态特征。

4. 掌握双子叶植物纲和单子叶植物纲的基本区别和代表植物。

(四)主要园林植物的特征及用途

1. 园林木本植物

(1)能区分乔木、灌木、藤本、竹类的特征和在园林绿地中的应用。

(2)掌握以下园林木本植物的科属、习性和园林用途:银杏、金钱松、水杉、苏铁、南洋杉、雪松、日本五针松、柳杉、侧柏、罗汉松、南方红豆杉、玉兰、鹅掌楸、垂丝海棠、梅、樱花、桃、红叶李、合欢、悬铃木、垂柳、枫杨、重阳木、乌桕、紫薇、梧桐、白兰花、乐昌含笑、樟树、广玉兰、榕树、黄葛树、山茶花、蒲桃、女贞、桂花、枇杷、羊蹄甲、鹅掌柴、龟背竹、棕榈、蒲葵、假槟榔、贴梗海棠、蜡梅、紫荆、八仙花、木槿、石榴、迎春、含笑、玫瑰、月季、红叶石楠、杜鹃、红花檵木、海桐、夹竹桃、一品红、大叶黄杨、海枣、红千层、栾树、杜英、朴树、天竺桂、龙爪槐、八角金盘、火棘、栀子、六月雪、南天竹、阔叶十大功劳、棕竹、散尾葵、袖珍椰子、常春藤、紫藤、络石、金银花、爬山虎、葡萄、凌霄、叶子花、慈竹、孝顺竹、毛竹等。

2. 园林花卉

(1)能区分一二年生草花、宿根花卉、球根花卉的特征和在园林绿地中的应用。

(2)掌握以下园林花卉植物的科属、习性和园林用途:鸡冠花、半枝莲、石竹、虞美人、羽衣甘蓝、三色堇、矮牵牛、金鱼草、雏菊、非洲菊、金盏菊、瓜叶菊、万寿菊、百日草、香石竹、花叶良姜、波斯菊、向日葵、天竺葵、水仙、四季秋海棠、菊花、天门冬、文竹、一叶兰、吊兰、玉簪、万年青、虎尾兰、仙客来、大丽花、马蹄莲、风信子、郁金香、朱顶红、美人蕉、鸢尾、含羞草、一串红、凤仙花、蝴蝶兰等。

3. 其他园林植物

掌握以下园林植物的科属、习性和园林用途:荷花、睡莲、芦苇、菖蒲、凤眼莲、旱伞草、花叶芦竹、肾蕨、仙人掌、蟹爪兰、芦荟、龙舌兰、白车轴草、黑麦草、草地早熟禾、结缕草、狗牙根、麦冬、吉祥草、红花酢浆草等。

课程二:园林工程施工与管理

(一)地形设计与土方工程

1. 了解地形设计的概念、作用及内容。

2. 掌握园林地形设计的方法及原则。

3. 理解土方工程量的计算方法。

4. 掌握土方施工的方法。

（二）园林给水排水工程

1. 了解园林给水工程的组成、水源类型。

2. 了解园林给水管网的设计方法。

3. 理解喷灌系统的类型及设计施工。

4. 掌握园林排水的基本特点及排水的方式。

（三）园林水景工程

1. 了解园林常见水景形式及应用环境。

2. 理解驳岸的作用、分类及施工程序。

3. 理解护坡的作用、分类及施工程序。

4. 掌握人工湖池、人工瀑布的施工工艺过程与施工方法。

5. 掌握人工小溪的施工要点。

6. 理解喷泉的设计与施工。

（四）园路景观工程

1. 了解园路的功能与分类。

2. 理解园路的线形要求。

3. 掌握园路的常见结构与铺装类型。

4. 掌握园路施工工艺过程与施工方法。

5. 了解园路照明的原则与方式。

6. 掌握园路照明系统布置。

（五）景石假山工程

1. 了解景石常用石品种类。

2. 理解置石的组景手法与施工要点。

3. 了解假山的概念、功能。

4. 理解假山石料的选择。

5. 掌握假山的基本结构与施工方法。

6. 理解塑石塑山的种类与施工方法。

（六）园林工程项目基本操作

1. 了解园林工程的概念与特点。

2. 了解园林工程的主要内容与分类。

3. 掌握园林工程建设程序。

4. 掌握园林工程项目招标与投标。

（七）园林工程现场施工组织管理

1. 了解园林工程项目施工准备工作。

2. 了解项目现场施工管理与组织方法。

3. 了解现场施工质量管理的方法。

4. 理解工程竣工验收的程序与方法。

5. 理解园林工程工程款结算方法。

课程三:园林植物栽培养护

(一)园林植物栽培机具的使用与维护

1. 了解园林机具的种类。

2. 掌握草坪修剪机的操作。

3. 掌握微灌设备的配置。

4. 掌握园林机具的日常维护。

5. 掌握园林机具的技术保养。

(二)园林植物的栽培技术

1. 掌握园林植物露地栽培技术。

2. 了解园林植物栽培设施,掌握设施栽培技术。

3. 掌握园林植物容器栽培技术。

4. 掌握无土栽培的优点和缺点。

5. 掌握无土栽培的类型和方法。

6. 了解无土栽培的设施与设备。

7. 理解无土栽培基质与营养液管理。

(三)园林植物的整形修剪技术

1. 理解园林树木的树体结构和枝芽特性。

2. 了解园林植物整形修剪的原则。

3. 掌握园林植物整形修剪的时期。

4. 掌握园林植物整形修剪的形式和方法。

5. 掌握大枝锯截方法。

6. 掌握行道树常见的树形及其整形修剪方法。

7. 掌握花灌木整形修剪的要求。

8. 了解常见花灌木的整形修剪技术。

9. 掌握绿篱整形修剪的方式和时期。

10. 掌握藤本类植物整形修剪的形式。

11. 了解常见藤本类的整形修剪技术。

12. 了解地被植物在园林绿地中的配置方式。

(四)园林植物的养护技术

1. 掌握土壤的改良技术。

2. 理解施肥的作用及合理施肥的原则。

3. 掌握施肥的方法。

4. 掌握灌溉的方式与方法。

5. 掌握化学除草剂的使用方法。

6. 了解病害发生过程和侵染循环。

7. 理解害虫的种类及其生活习性。

8. 掌握病虫害的防治原则和措施。

9. 掌握古树名木的概念。

10. 了解保护古树名木的意义。

11. 了解古树衰老的原因。

12. 掌握古树名木的养护管理措施。

第一部分　园林植物

考点分析

1. 了解园林植物的概念。
2. 了解园林植物在园林建设中的地位和作用。
3. 理解我国园林植物资源及分布。

题型与分值

题型	2016 年	2017 年	2018 年	2019 年	2020 年	2021 年
单项选择题	—	—	—	—	—	—
判断题	—	2 分	3 分	3 分	3 分	3 分
简答题	—	—	—	—	—	—

相关知识

一、园林植物的概念★★

园林植物是指具有一定观赏价值,适用于室内外布置,以净化、美化环境,丰富人们生活的植物,故又称观赏植物。园林植物包括木本和草本两大类。

二、园林植物在园林建设中的地位和作用★★★★★

地位	①园林中没有植物就不能称为真正的园林。 ②园林植物是造景的基本素材之一。 ③木本园林植物是园林绿化中的骨干材料

续表

作用	美化环境	园林植物种类繁多,色彩形态各异,且随着四季更替表现出不同的景色,园林中的建筑、雕塑、溪瀑和山石等均需有园林植物来点缀
	改善环境	调节空气的温度和湿度、净化空气、吸收噪声和监测有害气体,绿色植物还可以消除人眼的疲劳
	生产功能	园林植物的生产是一项社会效益和经济效益双高的产业。生态工程建设、绿化美化环境等对各种树、花、草的需求量都很大。许多园林植物除具有观赏价值外,还可以制作成药物、油料和香料等

三、我国园林植物资源及分布★★★

资源		①我国幅员辽阔,园林植物资源十分丰富,被誉为"世界园林之母"。②原产我国的乔灌木约 8 000 种,在世界园林树木种类中占很大比例。③许多名贵的园林植物很早就传往世界各地。④我国还存有珙桐、楠木、樟树及银杉等珍贵的树种,以及在世界其他地区绝迹的水松、银杏和素有"活化石"之称的水杉
分布	天然分布区	野生园林植物的分布受气候、土壤、地形及生物因子等综合影响分为水平分布和垂直分布两类。不同种类的植物,其分布区的大小、分布的中心地区以及分布的方式等,均有自己的特点
	栽培分布区	栽培分布区是由于人类生产活动或园林建设的需要,从其他地区引入树种,在新地区栽培而形成的分布区。但植物引种是一项慎之又慎的工作,要经过一系列的科学实验和鉴定程序,切不可随意引种

真题演练

判断题

1.(2017 年)黄瓦红墙的宫殿式建筑配以苍松翠柏,可以起到衬托建筑的效果。　　(　　)

2.(2018 年)园林植物是公园、风景区及城镇绿化的基本材料。　　(　　)

3.(2019 年)中国被誉为"世界园林之母"。　　(　　)

4.(2020 年)园林植物不仅可以美化环境,而且可以改善环境。　　(　　)

5.(2021 年)园林植物是园林造景的基本素材之一。　　(　　)

习题练习

判断题

1. 园林中没有植物就不能称为真正的园林。 ( )
2. 木本园林植物是园林绿化中的骨干材料。 ( )
3. 园林植物的生产是一项社会效益和经济效益双高的产业。 ( )
4. 园林植物包括木本和草本两大类。 ( )
5. 原产我国的乔灌木约8 000种,在世界园林树木种类中占很大比例。 ( )
6. 园林植物的水平分布主要受纬度、经度的影响。 ( )
7. 许多园林植物除具有观赏价值外,还能制作药物、油料、香料等。 ( )
8. 草本园林植物是园林绿化中的骨干材料。 ( )
9. 园林植物的垂直分布是指由于地形、地势和海拔高度的变化而形成的分布。 ( )
10. 园林植物能够调节空气的温度和湿度,遮阳,防风固沙,保持水土。 ( )

第二单元　园林植物的应用

考点分析

1. 了解园林植物的选择与配植原则。
2. 了解园林树木特性与环境条件的关系。
3. 理解各类园林植物(树木、花卉、藤本、水生、地被等植物)在园林绿地中的应用。
4. 理解园林树木的配植形式,掌握规则式与自然式配植要求。
5. 理解花坛、花境的类型,掌握其设计要求。
6. 理解水生植物的类型及设计要求。

题型与分值

题型	2016 年	2017 年	2018 年	2019 年	2020 年	2021 年
单项选择题	6分	6分	9分	6分	6分	6分
判断题	6分	2分	3分	6分	6分	6分
简答题	5分	5分	10分	—	10分	10分

相关知识

一、树木在园林绿化中的应用

(一)园林树木的选择与配植原则★★★★

美观、实用、经济相结合的原则	美观	①应选择生长正常的树木; ②应以树木自然长成的形式为主; ③应展现不同树龄、不同季节、不同气候变化产生的不同美
	实用	①应明确该树种所要发挥的主要功能是什么,必须满足园林综合功能的主要功能要求; ②考虑如何配置才能取得较长期、稳定的效果。 例如:行道树需要满足树形主干通直、树冠宽大整齐、分枝点高、生长快、根系发达、叶密荫浓、构成街景和适于大量生产、较经济实惠等一般功能要求,还必须满足抗污染、耐修剪、寿命长、病虫害少、无刺等使用养护要求
	经济	①合理使用名贵树种; ②多选用乡土树种; ③结合生产,选择经济价值高的树种
树木特性与环境条件相适应的原则	生物学特性与环境条件相适应	
	生态学特性与环境条件相适应	

(二)配植形式★★★★

类型	形式	特点	图示
规则式	按几何形式,有一定的株行距	整齐端庄 严谨壮观	
自然式	无固定的排列方式,没有一定的株行距	自然灵活 参差有致	

1.规则式配植的类型

类型	图示	地点	树种要求	代表植物
中心植		广场、花坛、树坛的中心	树形整齐、轮廓简洁、生长慢的常绿树种	云杉、冷杉、圆柏、雪松、苏铁等

续表

类型	图示	地点	树种要求	代表植物
对植		出入口、建筑物前	同种同龄、树形整齐美观、大小一致的常绿树	圆柏、龙柏、云杉、冷杉、香樟、广玉兰等
列植		行道树、绿篱、防护林带或水边	同种同龄树种	银杏、悬铃木、榕树、柳杉、水杉等
圆形或多角形植		多用于陪衬主景、环形花坛或开阔平地,组成环形、半圆形、单星、多角星等几何图形	以常绿、低矮、耐修剪的灌木为主,以一定株行距按几何形状栽植	海桐、蚊母树、千层金等
三角形或方形植		多用于果园	同种同龄树种,成片种植	桃、梅、枇杷等

2. 自然式配植的类型

类型	数量	要点	要求	代表植物
孤植	1棵或2~3株同种树种	突出单株形态美,创造出空旷地上的主景	树木体型健壮雄伟、冠大荫浓或体态潇洒,秀丽多姿,花繁色艳、香飘四溢	合欢、雪松、银杏等
对植	2或多株	要避免呆板的对称形式,又必须有呼应	同一树种,但大小和姿态必须不同,大树要近,小树要远,两树栽植点连成直线,不得与中轴线成直角相交	大小、姿态各异的两株南洋杉、垂柳、罗汉松等
丛植	2~10余株	要处理好各株之间的距离、搭配关系	可以作主景、配景和遮阴。作主景要求与孤植树相似,远观效果更好	常绿树与落叶树,乔木与灌木,针叶树与阔叶树等搭配
群植	20~30株	层次、林缘线和林冠线、季相	树群的林冠线要起伏错落,水平轮廓要有丰富的曲折变化,选择树种应注意其四季的色彩变化。树种不宜过多,不超过5种,以1~2个树种为主	白兰、假槟榔、南洋杉、紫薇、鸡蛋花、夹竹桃、鸡爪槭、垂丝海棠、蜡梅、朱槿等1~5种搭配使用
片林(林植)	>30株	风景区中以疏林草地应用最多	树种应具有较高的观赏价值,构图应形成疏朗简明的园林风光	竹林、梅林等纯林;乌桕、银杏、黄栌等纯林或混交林

二、花卉在园林绿化中的应用

(一)花坛★★★

花坛是规则式的花卉应用形式,用具有一定几何图形的栽植床,在床内布置各种不同色彩的花卉,组成美丽的图案。床内如果布置的是木本植物,也可称为树坛。

1.花坛的类型

分类依据	类别	特征与要求
根据花材分类	盛花花坛	花材:观花草本植物(多为一二年生草本花卉) 观赏特色:花卉群体的艳丽色彩
	模纹花坛	花材:常绿小灌木和低矮观花植物 观赏特色:花纹、图案 注:有毛毡花坛(花纹一样平)和浮雕花坛(花纹高低不平)两种形式
	混合花坛	花材:是盛花花坛和模纹花坛的混合形式 观赏特色:兼有华丽的色彩和精美的图案
根据空间位置分类	平面花坛	要求:花坛表面与地面平行 观赏特色:主要观赏花坛的平面效果
	斜面花坛	要求:花坛设在斜坡或阶地上,或建筑物的台阶上 观赏特色:主要观赏花坛斜面
	立体花坛	要求:向空间延伸,具有竖向景观 观赏特色:可以四面观赏
根据花坛的组合及布局分类	独立花坛	要求:花坛内不设道路,是封闭的,游人不能进入;长方形长宽比不宜大于2.5∶1;面积不宜过大
	花坛群	要求:多个花坛组成一个不可分割的构图整体,规则对称的,各花坛之间可供游人观赏。中心部分可以是水池、喷泉、纪念碑、雕塑等
	带状花坛	要求:长宽比大于3∶1。常设置于道路中央或两侧、建筑墙垣及基部装饰

2.花坛的设计

分类依据	类别	规格与要求
设计位置	主景	一般设计在广场、草坪中央,大门口内外
	配景	设在喷水池周围,建筑物前后,道路交叉口上,道路两侧
设计要求	图样和色彩	图样简洁,轮廓鲜明,色彩明快,颜色之间界限明显,不能拖泥带水
	植物选择	植株低矮,生长整齐,花期集中并致,花朵繁茂,色彩鲜艳,管理方便
	主次关系	先应在风格、体量、形状、色彩等方面与周围环境协调,再考虑花坛自身特色

续表

分类依据	类别	规格与要求
栽植床的要求	栽植床高度	一般都高于地面,还可做成中间稍高、四周稍低的形状,倾角 5°～10°,最大不超过 25°
	种植土厚度	一二年生草花为 20～30 cm,多年生草花及灌木为 40 cm
植物种类的选择	盛花花坛	以色彩构图为主,一般以一二年生草花为主,可适当配置一些盆花,也可用宿根或球根花卉,植株高度以 10～40 cm 的矮性品种为宜
	模纹花坛	以表现图案为主,最好用低矮、耐修剪、生长缓慢的多年生植物,如五色草、半枝莲、卧茎景天等
	种类	布置同一花坛,可用 1～3 种花卉组成,种类不宜过多

(二)花境★★★

花境是园林绿地中一种特殊的种植形式,是以树丛、树群、绿篱、矮墙或建筑物作背景,通常由几种花卉呈自然块状或带状混合配置而成,表现花卉自然散布的生长景观。

花境的基本构图单位是一组花丛,每组花丛通常由 5～10 种花卉组成。

花境一次布置可多年生长,养护管理较粗放,省工、省时,可大面积应用。

1. 花境的类型

分类依据	类别	概念	特征与要求
根据植物材料分类	专类花卉花境	由同一属不同种类或同一种不同品种植物为主要种植材料的花境	要求花色、花期、花型、株型等有丰富的变化
	宿根花卉花境	全部由露地越冬的宿根花卉组成	有冬眠或夏眠的特性,在遇到严寒、酷热和干旱时,去叶留根,等气候适宜后重新发芽
	混合式花境	以宿根花卉为主,配置少量的花灌木、球根花卉或一二年生花卉	季相分明,色彩丰富,应用较多
按设计形式分类	单面观赏花境	多临近道路设置,常以建筑物、围墙、绿篱、树丛、挡土墙等为背景	前低后高,仅供一面观赏
	四面观赏花境	多设置在草坪上,道路间或树丛中,没有背景	中间高,四周低,供四面观赏
	对应式花境	在园路两侧、草坪中央或建筑物周围,设置相应的两个花境	多采用拟对称的手法

2. 花境的设计

类型		类别	规格与要求
植床设计	边缘线	单面观赏花境	后边缘线——直线,前边缘线——直线或自由曲线
		四面观赏花境	边缘线基本平行,可以是直线,也可以是曲线
	宽度	单面观混合花境	4～5 m
		单面观宿根花境	2～3 m
		双面观花境	4～6 m
		家庭小花园花境	1.0～1.5 m
	长度	—	与环境有关,太长则分段,每段不超过20 m
背景设计		单面观赏花境	以绿色的树墙或高篱作背景较理想,也可以建筑物的墙基和栅栏作背景,颜色以绿色或白色为宜
边缘设计		高床花境	可用石头、碎瓦、砖块、木条等垒筑
		平床花境	用低矮植物镶边,其外缘一般是道路或草坪

(三)篱垣及棚架★★★★

1. 类型

类型	概念	植物材料选择	设计位置
篱	也称篱笆,是用竹、木等材料编成的围墙或屏障	草本植物:牵牛花、茑萝、风船葛、小葫芦、丝瓜、苦瓜和铁线莲等;	适宜设于儿童活动场所,点缀门楣、窗格和围墙、窗台、阳台、栏杆、亭子、游廊、柱体、假山、枯死老树和坡地等
垣	是矮墙,也泛指墙,可进行垂直绿化	木本植物:紫藤、木香、猕猴桃、葡萄、南蛇藤、五味子、络石和常春藤等	
棚架	是用竹、木和铁丝等搭成或钢筋水泥构件建成		

2. 篱垣及棚架的作用

景观效果	丰富立体景观;遮掩视线
生态效果	改善小气候,减轻环境污染
功能效果	降低温度;遮阳供人纳凉

三、水生植物在园林绿化中的应用

水生园林植物是指终年生长在水中或沼泽地中的多年生草本观赏植物。

（一）水生植物的类型★★★★★

类型	特征	生长环境	常见植物
挺水植物	根浸在泥中,茎叶挺出水面	生长在水深不超过 1 m 的浅水中或沼泽地	荷花、芦苇、菖蒲、花叶芦竹、千屈菜、梭鱼草、纸莎草、再力花、慈姑、水葱、泽泻、雨久花等
浮水植物	根生长在水底泥中,但茎不挺出水面,仅叶、花浮于水面或略高于水面	在稍深一些水域(2 m 左右)	睡莲、王莲、芡实、萍蓬莲、莼菜、荇菜等
漂浮植物	全株漂浮在水面或水中,可随水漂浮流动	静水(深水、浅水)	水浮莲、浮萍、凤眼莲等
沉水植物	茎、叶全部沉于水中	生态鱼缸	金鱼藻、苦草、茨藻等

（二）水生植物的栽植设计

设计形式	单一式	只有一种植物
	混种式	两种或两种以上的植物种植在一起
设计要求	因地制宜,合理搭配	根据水面的大小、深浅,水生植物的特点,选择集观赏、经济、水质改良于一体的水生植物 ①在大湖泊种植荷花和芡实,小的水面种植睡莲更合适; ②在沼泽地和低湿地带宜种植千屈菜、香蒲、石菖蒲等; ③处于静水状态的池、塘宜植睡莲、王莲; ④水深 1 m 左右,水流缓慢的地方宜植荷花,水深超过 1 m 的湖塘多植浮萍、凤眼莲等
	数量适当,有疏有密	种植时不宜种满一池,也不要沿岸种植一圈,而应疏密相间。水生植物的面积应不超过水面的1/3 左右
	控制生长,安置设施	小面积:种植缸;大面积:栽植台

真题演练

一、单项选择题

1.（2016 年）下列不适宜用作棚架绿化的植物是（　　）。

    A. 金银花　　　　　　B. 常春藤　　　　　　C. 葡萄　　　　　　D. 金钱松

2.（2016 年）由两株以上到十余株乔、灌木自然组合栽植在一起的配植方式是（　　）。

    A. 对植　　　　　　B. 群植　　　　　　C. 丛植　　　　　　D. 林植

3.（2016 年）下列最宜用于生态鱼缸的水生植物类型是（　　）。

    A. 挺水植物　　　　B. 浮水植物　　　　C. 漂浮植物　　　　D. 沉水植物

4.（2017 年）下列不属于园林树木配植原则的是（　　）。

    A. 美观　　　　　　B. 高档　　　　　　C. 实用　　　　　　D. 经济

5.（2017 年）下列不属于行道树选择要求的是（　　）。

    A. 抗污染　　　　　B. 耐修剪　　　　　C. 病虫害少　　　　D. 价格高

6.（2017 年、2021 年）睡莲属于（　　）。

    A. 挺水植物　　　　B. 浮水植物　　　　C. 漂浮植物　　　　D. 沉水植物

7.（2018 年）荷花属于（　　）。

    A. 挺水植物　　　　B. 浮水植物　　　　C. 沉水植物　　　　D. 漂浮植物

8.（2018 年）行道树的配植通常采用（　　）。

    A. 孤植　　　　　　B. 列植　　　　　　C. 片植　　　　　　D. 丛植

9.（2018 年）下列适宜作孤植树的植物是（　　）。

    A. 黄葛树　　　　　B. 天门冬　　　　　C. 菊花　　　　　　D. 肾蕨

10.（2019 年）下列不适宜作孤植树的植物是（　　）。

    A. 黄葛树　　　　　B. 合欢　　　　　　C. 雪松　　　　　　D. 菊花

11.（2019 年）下列属于漂浮植物的是（　　）。

    A. 凤眼莲　　　　　B. 荷花　　　　　　C. 芦苇　　　　　　D. 菖蒲

12.（2020 年）下列属于挺水植物的是（　　）。

    A. 凤眼莲　　　　　B. 睡莲　　　　　　C. 浮萍　　　　　　D. 荷花

13.（2020 年）下列适宜作棚架绿化的植物是（　　）。

    A. 紫藤　　　　　　B. 广玉兰　　　　　C. 桂花　　　　　　D. 海桐

14.（2021 年）下列适宜用作行道树的植物是（　　）。

    A. 香樟　　　　　　B. 月季　　　　　　C. 紫藤　　　　　　D. 叶子花

二、判断题

1.（2016 年）乡土树种观赏价值低,园林绿化中应少用。　　　　　　　　　　　　　（　　）

2.（2016 年）花坛栽植床既可种植草本植物,又可种植木本植物。　　　　　　　　　（　　）

3.（2016 年）绿化树种的选择与配植要做到适地适树。　　　　　　　　　　　　　　（　　）

4.（2018 年）睡莲是挺水植物。　　　　　　　　　　　　　　　　　　　　　　　　（　　）

5.（2019 年）列植属于规则式配植形式。　　　　　　　　　　　　　　　　　　　　（　　）

6.（2019 年）荷花属于浮水植物。　　　　　　　　　　　　　　　　　　　　　　　（　　）

7.（2020 年）芦苇属于浮水植物。　　　　　　　　　　　　　　　　　　　　　　　（　　）

8.（2020 年）行道树的配植形式常采用列植。　　　　　　　　　　　　　　　　　　（　　）

9.（2021 年）凤眼莲属于漂浮植物。　　　　　　　　　　　　　　　　　　　　　　（　　）

10.（2021 年）行道树应多选用名贵树种。　　　　　　　　　　　　　　　　　　　（　　）

三、问答题

1. (2016 年、2020 年)园林植物自然式配植方式有哪些?
2. (2017 年、2021 年)园林植物规则式配植形式有哪些?
3. (2018 年)请列举 5 种适宜用作棚架绿化的植物。

习题练习

一、单项选择题

1. 保持一定的株行距,成行、成列地栽植称为(   )。
   A. 列植　　　　　B. 对植　　　　　　C. 丛植　　　　　D. 林植
2. 下列不属于自然式配植的是(   )。
   A. 列植　　　　　B. 林植　　　　　　C. 丛植　　　　　D. 群植
3. 下列不适宜作中心植的植物是(   )。
   A. 雪松　　　　　B. 苏铁　　　　　　C. 银杏　　　　　D. 紫藤
4. 下列不适宜作列植的植物是(   )。
   A. 香樟　　　　　B. 广玉兰　　　　　C. 菖蒲　　　　　D. 水杉
5. 下列多用于果园的配植形式是(   )。
   A. 对植　　　　　B. 列植　　　　　　C. 中心植　　　　D. 三角形或方形植
6. 将 20～30 株乔、灌木按一定构图方式栽植在一起的配植方式是(   )。
   A. 对植　　　　　B. 群植　　　　　　C. 丛植　　　　　D. 林植
7. 下列不属于挺水植物的是(   )。
   A. 荷花　　　　　B. 睡莲　　　　　　C. 菖蒲　　　　　D. 芦苇
8. 下列不属于浮水植物的是(   )。
   A. 凤眼莲　　　　B. 睡莲　　　　　　C. 王莲　　　　　D. 芡实
9. 下列不属于漂浮植物的是(   )。
   A. 浮萍　　　　　B. 水浮莲　　　　　C. 凤眼莲　　　　D. 金鱼藻
10. 下列不适宜作棚架绿化的植物是(   )。
    A. 紫藤　　　　　B. 葡萄　　　　　　C. 络石　　　　　D. 香樟
11. 水生植物的栽培面积应不超过水面的(   )。
    A. 1/5　　　　　　B. 1/4　　　　　　C. 1/3　　　　　　D. 1/2
12. 布置同一花坛,花卉的种类不宜过多,适宜的组成数量是(   )。
    A. 1～3 种　　　　B. 3～4 种　　　　C. 4～5 种　　　　D. 5 种以上
13. 下列不属于挺水植物的是(   )。
    A. 荷花　　　　　B. 睡莲　　　　　　C. 芦苇　　　　　D. 旱伞草
14. 下列宜作为广场、树坛、花坛等中心地点栽植的树种是(   )。
    A. 雪松　　　　　B. 杜鹃　　　　　　C. 海桐　　　　　D. 紫薇

15. 花叶芦竹属于(　　　)。

　　A. 挺水植物　　　　B. 浮水植物　　　　C. 漂浮植物　　　　D. 沉水植物

二、判断题

1. 配植行道树时,多选用主干通直的名贵树种。　　　　　　　　　　　　(　　)
2. 规则式配植和自然式配植中都可采用对植形式,但要求不同。　　　　　(　　)
3. 规则式配植要求两株或两丛同种、同龄的树种左右对称地栽植在中轴线的两侧。
　　　　　　　　　　　　　　　　　　　　　　　　　　　　　　　　(　　)
4. 规则式配植整齐端庄、严谨壮观,自然式配植自然灵活、参差有致。　　(　　)
5. 丛植做主景时观赏效果比孤植树更加突出。　　　　　　　　　　　　　(　　)
6. 混交树群的树种不宜超过5种,通常以1~2个树种为主。　　　　　　　(　　)
7. 群植的树群中间不设园路,不允许游人进入。　　　　　　　　　　　　(　　)
8. 根据花材使用不同,可将其分为盛花花坛、模纹花坛和混合花坛。　　　(　　)
9. 花坛设计先要考虑自身的特色,再考虑风格、体量等与环境的协调。　　(　　)
10. 四面观赏花境种植形式是中间高,四周低。　　　　　　　　　　　　　(　　)
11. 单面观赏花境要有背景,较理想的背景是绿色的树墙或高篱。　　　　　(　　)
12. 棚架具有遮阳的功能,可供游人纳凉、休息。　　　　　　　　　　　　(　　)
13. 睡莲属于漂浮植物。　　　　　　　　　　　　　　　　　　　　　　　(　　)
14. 凤眼莲属于沉水植物。　　　　　　　　　　　　　　　　　　　　　　(　　)
15. 园林树木配植原则包括美观、高档和实用。　　　　　　　　　　　　　(　　)
16. 金钱松、雪松、罗汉松、南洋杉和巨杉合称为世界五大公园树种。　　　(　　)
17. 乡土树种因价格相对低廉,在当地栽种较普遍,档次低应少选用。　　　(　　)
18. 浮水植物可用于生态鱼缸。　　　　　　　　　　　　　　　　　　　　(　　)
19. 草本植物是园林绿化中的骨干材料。　　　　　　　　　　　　　　　　(　　)
20. 行道树常采用的配植形式为群植。　　　　　　　　　　　　　　　　　(　　)

三、问答题

1. 请列举出5种适宜水生的园林植物。
2. 自然式配植的要求是什么?
3. 水生植物的栽植设计要求有哪些?
4. 下列植物中,哪5种属水生植物? (如有多答,按前5个评分)
肾蕨、花叶芦竹、水松、旱伞草、凤眼莲、芦苇、杜鹃、水杉、十大功劳、荷花、龙舌兰。

第三单元　园林植物的分类

考点分析

1. 了解植物分类的方法,明确自然分类法的7个层次划分;了解"双名法"及其命名规定,理解植物的人为分类法。

2.了解植物分类检索表的应用。

3.了解蕨类植物门和种子植物门的主要形态特征。

4.掌握双子叶植物纲和单子叶植物纲的基本区别和代表植物。

题型与分值

题型	2016 年	2017 年	2018 年	2019 年	2020 年	2021 年
单项选择题	4 分	2 分	6 分	6 分	6 分	6 分
判断题	6 分	6 分	6 分	3 分	3 分	3 分
简答题	—	—	—	—	—	—

相关知识

一、植物的分类★★

植物分类方法很多,最常用的就两种:人为分类法和自然分类法。

(一)人为分类法★★★★

分类依据	类型	特征	代表植物
按生活型分类	乔木	具有明显主干,高度大于 6 m	银杏、冷杉、樟树、毛白杨、七叶树等
	灌木	没有明显的主干,高度小于 6 m	月季、蜡梅、金丝桃、小叶女贞、金缕梅等
	木质藤本	能缠绕或攀附他物向上生长的木本植物	紫藤、木香、金银花、爬山虎、凌霄等
	一年生植物	在一个生长季内完成生活史,寿命不超过一年的草本植物	虞美人、霞草、半枝莲、银边翠、千日红、鸡冠花等
	多年生植物	植株的寿命超过两年的草本植物,能多次开花、结实	如菊花、万年青、大丽菊、水仙、狗牙根、结缕草等
按在园林中的用途分类	行道树	成行种植在道路两旁的植物	悬铃木、广玉兰、樟树、七叶树、杨树等
	绿荫树	孤植或丛植在庭院、广场或草坪上,供游人在树下休息之用	榉树、槐树、鹅掌楸、榕树、杨树等
	园景树	种类最为繁多、形态最为丰富、景观作用最为显著的骨干树种	可以观形、赏叶、观花、赏果的乔木、灌木

续表

分类依据	类型	特征	代表植物
按在园林中的用途分类	花灌木	以观花为目的而栽植的小乔木、灌木	梅、桃、玉兰、丁香、桂花等
	绿篱植物	将耐修剪的植物成行密植,代替栏杆起保护或装饰作用	黄杨、女贞、海桐、珊瑚树、三角梅等
	垂直绿化植物	可以绿化棚架、廊、山石、墙面的攀缘植物	常春藤、紫藤、爬山虎、南蛇藤等
	花坛植物	采用观叶、观花的草本植物和低矮灌木,栽植在花坛内组成各种花纹和图案	月季、红叶小檗、金叶女贞、金盏菊、五色苋、紫露草、红花酢浆草等
	地被植物及草坪植物	用低矮的木本或草本植物种植在林下或裸地上,以覆盖地面	紫金牛、麦冬、野牛草、剪股颖、百脉根等
	室内装饰植物	将植物种植在室内墙壁和柱上专门设立的栽植槽内	蕨类、常春藤等
	片林	较大面积的植株成片地栽植,如隔离带、防护林带、风景林等	松、柏、杨树林及模仿自然的各种混交林
按观赏部位分类	观花类	以花朵主要的观赏部位的植物	木本:玉兰、梅、樱花等。草本:兰花、菊花、君子兰、长春花等
	观叶类	或叶片光亮、色彩鲜艳,或叶形奇特,或叶色有明显的季相变化	红枫、八角金盘、乌桕、卫矛、红鹤芋、龟背竹、冷水花、彩叶草等
	观果类	果实或色泽艳丽、经久不落,或果形奇特,色形俱佳者	佛手、石榴、五色椒、金银木、火棘等
	观芽类	以肥大而美丽的芽为观赏对象者	银芽柳、结香、印度橡胶树等
	观姿态类	树姿挺拔或枝条扭曲、盘绕,似游龙,像伞盖	雪松、金钱松、毛白杨、龙柏、龙爪槐、龙游梅等

(二)自然分类法★★★

分类学家根据生物之间自然形成的亲缘关系,将生物进行分类,这种分类方法就是自然分类法。一般来说,按以下 7 个层次划分:界、门、纲、目、科、属、种。

每一种生物都能在其中找到自己的分类位置,在自然分类法中具有一一对应的关系。

生物自然分类系统中,最基本的单位是"种"。

二、植物的命名

(一)中文名

这是指得到《中国植物志》《中国孢子植物志》等权威著作认可的正式的中文名称。各个地区对同一植物叫法也不完全一致,例如,北京的玉兰,在湖北叫应春花,在江西叫望春花,在江苏叫白玉兰等。

(二)学名★★★★★

在国际上,采用瑞典博物学家林奈创立的"双名法"命名,双名法规定用两个拉丁词作为植

物的学名。第一个词是属名,第二词为种名。双词后附上命名人的姓氏缩写。例如,白玉兰的学名为:

$$Magnolia \quad\quad denudata \quad\quad Desr.$$
$$\text{属名} \quad\quad \text{种名} \quad\quad \text{命名人}$$

其中,属名首字母要大写,斜体;种名全部字母小写,斜体;命名人为定名人的姓氏缩写,首字母大写,不斜体。

三、植物分类检索表

(一)分类检索表的编制原则★★★

将特征不同的一群植物,用一分为二的对比方法,逐步对比排列,进行分类,称为二歧分类法。根据二歧分类法,可将自然界的植物列成分类检索表。这一方法是法国学者拉马克提倡的,所以称为拉马克二歧分类法。

(二)常见的植物分类检索表★★

1. 定距式检索表

将每一种特征的描述在书面左边的一定距离处,与此相对应的特征的描述亦在同样的距离处。每一类下一级特征的描述,则在上一级特征描述的稍后处开始,如此下去,直至检索出某类或某种植物时为止。

2. 平行式检索表

每一个相对特征的描述紧密相接,以便比较,在每一个特征描述之末,即列出所需的名称或是一个数字,此数字重新列于较低一行之首,与另一个相对特征平行排列,如此下去,直至检索出某类或某种植物时为止。

(三)植物分类检索表的应用★★

植物分类检索表是鉴定植物种类的重要工具资料之一,因为通过查阅检索表可以帮助我们初步确定某一植物的科、属、种名。植物志、植物手册等书籍中均有植物的分科,分属及分种检索表。

当遇到一种不知名的植物时,应当根据植物的形态特征,按检索表的顺序,逐一寻找该植物所处的分类地位。首先确定是属于哪个门、哪个纲和目的植物,然后再继续查其分科、分属以及分种的植物检索表。

四、蕨类植物门和种子植物门的主要形态特征

1. 蕨类植物和种子植物主要区别★★★★

项目	蕨类植物门			种子植物门
形态特征	具有根、茎、叶的分化 孢子体中出现维管束	根	须根状不定根	具有根、茎、叶的分化 植株维管束发达
		茎	多为根状茎	
		叶	小部分为小型叶,结节状或鳞片状;大部分种类为大型叶,常羽状或多次分裂	

续表

项目	蕨类植物门	种子植物门
繁殖方式	孢子繁殖 受精过程需要水	种子繁殖 受精过程不需要水
代表植物	木本:桫椤(唯一); 草本:肾蕨、卷柏、铁线蕨、鸟巢蕨等	裸子植物:苏铁、银杏、松、柏等; 被子植物:香樟、蔷薇、菊花等

2. 裸子植物和被子植物主要区别★★★

种子植物包含裸子植物和被子植物,区别如下:

比较项目	裸子植物亚门	被子植物亚门
种子包被	种子裸露,没有果皮包被	种子不裸露,包被在果皮之内
子叶数目	种子的胚具有 2 至多个子叶	种子的胚具有 1 或 2 个子叶
根系类型	多数为直根系	直根系和须根系均有
植物类型	多为高大乔木,极少数是灌木	有草本也有木本
分枝方式	单轴分枝式占优势	主要是合轴分枝式和假二叉分枝式
叶片形态	营养叶多为针形和鳞片形	营养叶的形态多种多样,构造复杂
花朵形态	有孢子叶球,而无真正的花	具有真正的花
传粉类型	主要是风媒传粉	有风媒、水媒、虫媒和鸟媒传粉
受精方式	无双受精作用	双受精作用是被子植物所特有
果实形成	不形成果实	形成果实
种类资源	整体较少,我国种类最多	植物总数一半以上

3. 单子叶植物和双子叶植物主要区别★★★★

被子植物分为单子叶植物和双子叶植物两个大纲,区别如下:

比较项目	双子叶植物纲	单子叶植物纲
根	主根发达,多为直根系	主根不发达,多为须根系
茎	维管束环状排列,有形成层,能加粗生长	维管束星散排列,无形成层,通常不能加粗生长
叶	网状脉	平行脉或弧形脉
花	5(或 4)基数,极少 3 基数	3 基数,极少 4 基数
种子	胚具有 2 片子叶	胚具有 1 片子叶
植物类型	从高大乔木到低矮草本均有	多为草本,少数乔木

续表

比较项目	双子叶植物纲	单子叶植物纲
代表植物	木兰科、樟科、蔷薇科、蜡梅科、含羞草科、蝶形花科、金缕梅科、悬铃木科、杨柳科、榆科、山茶科、杜鹃花科、芸香科、无患子科、槭树科、木犀科、毛茛科、十字花科、石竹科、菊科	百合科、石蒜科、兰科、棕榈科、禾本科、竹亚科

真题演练

一、单项选择题

1. (2016年)生物自然分类系统中,最基本的单位是(　　)。
    A. 目　　　　　　　B. 科　　　　　　　C. 属　　　　　　　D. 种

2. (2016年)下列属于单子叶植物的是(　　)。
    A. 玫瑰　　　　　　B. 毛竹　　　　　　C. 香樟　　　　　　D. 含笑

3. (2017年)将生物划分为植物界和动物界的瑞典科学家是(　　)。
    A. 达尔文　　　　　B. 华莱士　　　　　C. 拉马克　　　　　D. 林奈

4. (2017年)下列不属于观果类植物的是(　　)。
    A. 火棘　　　　　　B. 石榴　　　　　　C. 牡丹　　　　　　D. 佛手

5. (2018年)下列属于一二年生植物的是(　　)。
    A. 小叶女贞　　　　B. 大叶黄杨　　　　C. 鸡冠花　　　　　D. 山茶

6. (2018年)双名法规定用两个拉丁词作为植物的学名,其中第一个词是(　　)。
    A. 种名　　　　　　B. 属名　　　　　　C. 科名　　　　　　D. 定名人

7. (2019年)下列属于双子叶植物的是(　　)。
    A. 广玉兰　　　　　B. 百合　　　　　　C. 棕榈　　　　　　D. 毛竹

8. (2019年)下列属于观果类植物的是(　　)。
    A. 红枫　　　　　　B. 八角金盘　　　　C. 龟背竹　　　　　D. 石榴

9. (2020年)植物自然分类系统中,最基本的单位是(　　)。
    A. 科　　　　　　　B. 属　　　　　　　C. 种　　　　　　　D. 目

10. (2020年)下列属于多年生植物的是(　　)。
    A. 虞美人　　　　　B. 千日红　　　　　C. 鸡冠花　　　　　D. 菊花

11. (2021年)双命名法规定用两个拉丁词作为植物的学名,其中第二个词是(　　)。
    A. 属名　　　　　　B. 种名　　　　　　C. 纲名　　　　　　D. 科名

12. (2021年)下列属于观花植物的是(　　)。
    A. 红枫　　　　　　B. 变叶木　　　　　C. 牡丹　　　　　　D. 彩叶草

二、判断题

1.（2016年）蕨类植物多为草本植物。　　　　　　　　　　　　　　　　　　　（　　　）
2.（2016年）裸子植物和被子植物都能产生种子。　　　　　　　　　　　　　　（　　　）
3.（2016年）裸子植物大多是高大乔木，极少数是灌木。　　　　　　　　　　　（　　　）
4.（2017年）单子叶植物主根发达，多为直根系。　　　　　　　　　　　　　　（　　　）
5.（2017年）禾本科植物都是一年生或多年生草本植物。　　　　　　　　　　　（　　　）
6.（2017年）被子植物内部结构分化完善，比裸子植物适应性强。　　　　　　　（　　　）
7.（2018年）生物自然分类系统中，最基本的单位是"科"。　　　　　　　　　　（　　　）
8.（2018年）裸子植物和被子植物合称为种子植物。　　　　　　　　　　　　　（　　　）
9.（2019年）植物自然分类系统中最基本的单位是"属"。　　　　　　　　　　　（　　　）
10.（2020年）双命名法是用两个拉丁词作为植物的学名，其中第一个词是属名。（　　　）
11.（2021年）将生物分为植物界和动物界的科学家是林奈。　　　　　　　　　　（　　　）

习题练习

一、单项选择题

1. 国际植物学会采用双名法命名植物，创立"双名法"的瑞典博物学家是（　　　）。
   A. 达尔文　　　　　　B. 林奈　　　　　　C. 拉马克　　　　　　D. 华莱士
2. 植物检索表编制依据是二歧分类法，提倡"二歧分类法"的是（　　　）。
   A. 达尔文　　　　　　B. 林奈　　　　　　C. 拉马克　　　　　　D. 华莱士
3. 下列不属于观叶类植物的是（　　　）。
   A. 红枫　　　　　　　B. 鹅掌柴　　　　　C. 乌桕　　　　　　　D. 菊花
4. 下列不属于观果类植物的是（　　　）。
   A. 佛手　　　　　　　B. 石榴　　　　　　C. 火棘　　　　　　　D. 冷水花
5. 单子叶植物胚内子叶的数量是（　　　）。
   A. 1片　　　　　　　B. 2片　　　　　　 C. 3片　　　　　　　 D. 4片
6. 下列属于单子叶植物的是（　　　）。
   A. 蜡梅　　　　　　　B. 蒲葵　　　　　　C. 香樟　　　　　　　D. 悬铃木
7. 下列属于双子叶植物的是（　　　）。
   A. 广玉兰　　　　　　B. 百合　　　　　　C. 水仙　　　　　　　D. 棕榈
8. 下列不属于观花类植物的是（　　　）。
   A. 樱花　　　　　　　B. 玉兰　　　　　　C. 叶子花　　　　　　D. 龟背竹
9. 下列属于观芽类植物的是（　　　）。
   A. 印度橡胶树　　　　B. 榕树　　　　　　C. 八角金盘　　　　　D. 雪松
10. 下列不属于被子植物特征的是（　　　）。
    A. 种子有果皮包被　　　　　　　　　　　B. 在所有植物中所占比例较少

C.有真正的花　　　　　　　　　　D.传粉方式多样

11. 自然分类法的层级由高到低分别是(　　)。
　　A.界门目纲科种属　　　　　　　B.界门纲科目属种
　　C.界目门纲科属种　　　　　　　D.界门纲目科属种

12. 下列不属于单子叶植物的是(　　)。
　　A.百合科　　　B.蔷薇科　　　C.禾本科　　　D.石蒜科

13. 下列不是裸子植物特征的是(　　)。
　　A.球花两性　　　B.没有真正的花　　　C.种子无包被　　　D.多为乔木

14. 下列不属于蕨类植物的是(　　)。
　　A.金钱松　　　B.水杉　　　C.侧柏　　　D.肾蕨

15. 下列不属于按植物在园林中的用途分类的是(　　)。
　　A.绿篱植物　　　B.水生植物　　　C.花坛植物　　　D.垂直绿化植物

16. 下列不属于双子叶植物的是(　　)。
　　A.木兰科　　　B.木犀科　　　C.棕榈科　　　D.菊科

17. 下列不属于单子叶植物特征的是(　　)。
　　A.胚内1片子叶　　　B.主根发达　　　C.多为须根系　　　D.叶具平行脉或弧形脉

18. 将生物划分为植物界和动物界以及创立双名法的是(　　)。
　　A.拉马克　　　B.达尔文　　　C.林奈　　　D.华莱士

二、判断题

1. 生物自然分类系统中,最基本的单位是"种"。　　　　　　　　(　　)
2. 双命名法是用两个拉丁词作为植物的学名,其中第一个词是种名。　　(　　)
3. 蕨类植物都是草本植物。　　　　　　　　　　　　　　　　(　　)
4. 裸子植物没有真正的花。　　　　　　　　　　　　　　　　(　　)
5. 被子植物是当今世界上种类最多、数量最大、进化地位最高的植物。　(　　)
6. 单子叶植物通常具有网状脉。　　　　　　　　　　　　　　　(　　)
7. 竹类植物多为乔木或灌木,不属于禾本科。　　　　　　　　　(　　)
8. 绿篱可代替栏杆起保护或装饰作用,用作绿篱的植物通常是耐修剪的植物。
9. 人为分类法体现了各植物之间的亲缘关系。
10. 银杏是一种很好的观叶植物,不仅叶形奇特,其叶色还有明显的季相变化。
11. "品种"是植物自然分类系统中最基本的单位。　　　　　　　(　　)
12. 植物检索表是识别、鉴定植物不可缺少的工具。　　　　　　　(　　)
13. 植物分类检索表是根据二歧分类法编制的。　　　　　　　　　(　　)
14. 植物分类最常用的方法有两种:人为分类法和自然分类法。　　　(　　)
15. 园林植物分类有严格要求,观花类植物就不能再属于观果类或其他类。(　　)
16. 蕨类植物和裸子植物都不产生种子,靠孢子进行繁殖。　　　　　(　　)
17. 蕨类植物没有根茎叶的分化。　　　　　　　　　　　　　　(　　)
18. 人为分类法不像自然分类法有严格的一一对应关系,但通俗易懂,实用方便。(　　)

第四单元　主要园林植物的特征及用途

考点分析

1.园林木本植物

(1)能区分乔木、灌木、藤本、竹类的特征和在园林绿地中的应用。

(2)掌握以下园林木本植物的科属、习性和园林用途:银杏、金钱松、水杉、苏铁、南洋杉、雪松、日本五针松、柳杉、侧柏、罗汉松、南方红豆杉、玉兰、鹅掌楸、垂丝海棠、梅、樱花、桃、红叶李、合欢、悬铃木、垂柳、枫杨、重阳木、乌桕、紫薇、梧桐、白兰花、乐昌含笑、樟树、广玉兰、榕树、黄葛树、山茶花、蒲桃、女贞、桂花、枇杷、羊蹄甲、鹅掌柴、龟背竹、棕榈、蒲葵、假槟榔、贴梗海棠、蜡梅、紫荆、八仙花、木槿、石榴、迎春、含笑、玫瑰、月季、红叶石楠、杜鹃、红花檵木、海桐、夹竹桃、一品红、大叶黄杨、海枣、红千层、栾树、杜英、朴树、天竺桂、龙爪槐、八角金盘、火棘、栀子、六月雪、南天竹、阔叶十大功劳、棕竹、散尾葵、袖珍椰子、常春藤、紫藤、络石、金银花、爬山虎、葡萄、凌霄、叶子花、慈竹、孝顺竹、毛竹等。

2.园林花卉

(1)能区分一二年生草花、宿根花卉、球根花卉的特征和在园林绿地中的应用。

(2)掌握以下园林花卉植物的科属、习性和园林用途:鸡冠花、半枝莲、石竹、虞美人、羽衣甘蓝、三色堇、矮牵牛、金鱼草、雏菊、非洲菊、金盏菊、瓜叶菊、万寿菊、百日草、香石竹、花叶良姜、波斯菊、向日葵、天竺葵、水仙、四季秋海棠、菊花、天门冬、文竹、一叶兰、吊兰、玉簪、万年青、虎尾兰、仙客来、大丽花、马蹄莲、风信子、郁金香、朱顶红、美人蕉、鸢尾、含羞草、一串红、凤仙花、蝴蝶兰等。

3.其他园林植物

掌握以下园林植物的科属、习性和园林用途:荷花、睡莲、芦苇、菖蒲、凤眼莲、旱伞草、花叶芦竹、肾蕨、仙人掌、蟹爪兰、芦荟、龙舌兰、白车轴草、黑麦草、草地早熟禾、结缕草、狗牙根、麦冬、吉祥草、红花酢浆草等。

题型与分值

题型	2016 年	2017 年	2018 年	2019 年	2020 年	2021 年
单项选择题	6分	10分	12分	15分	15分	15分
判断题	8分	10分	15分	12分	12分	12分
简答题	5分	5分	10分	10分	—	—

相关知识

一、园林木本植物

（一）乔木、灌木、木质藤本、竹类的特征和在园林绿地中的应用★★★

类别	特征性质	配植方式	园林应用
乔木	有一个直立主干，树干和树冠有明显区分，且高达6 m以上。依其高度分为：伟乔（31 m以上）、大乔（21～30 m）、中乔（11～20 m）、小乔（6～10 m）	中心植、孤植、对植、列植、群植	行道树、绿荫树、园景树、片林
灌木	没有明显主干，多呈丛生状态，或自基部起分枝。按高度分为：大灌木（2 m以上）、中灌木（1～2 m）、小灌木（1 m以下）	孤植、对植、丛植、彩篱或模纹种植、群植	园景树、花灌木、绿篱植物、花坛植物、地被植物、室内装饰
木质藤本	茎干细长，自身不能直立生长，必须依附他物而向上攀缘的植物。依攀附方式分为：缠绕藤本（如紫藤、金银花等）、吸附藤本（如凌霄、爬山虎等）、卷须藤本（如葡萄等）、蔓生藤本（如蔷薇、木香等）	丛植、群植	垂直绿化、棚架植物、室内装饰
竹类	属于禾本科竹亚科，再生性强，形态上区别于其他树木	丛植、列植、群植	庭院观赏、棚架、少数可盆栽

（二）主要园林木本植物的科属、习性和园林用途★★★★★

序号	名称	科属	习性	园林用途
1	银杏	银杏科银杏属	落叶针叶树。我国特有，活化石植物。喜光，耐旱怕涝，生长较慢，寿命极长，中国四大长寿观赏树种（松、柏、槐、银杏）之一。叶形奇特似扇，秋叶金黄	可孤植于草坪，可丛植或列植作行道树，也可作庭荫树或树桩盆景
2	金钱松	松科金钱松属	落叶针叶树。我国特有。喜光，喜湿暖湿润。深根性，抗风雪。秋叶金黄色。与雪松、日本金松、南洋杉、巨杉合称为世界五大公园树种	可孤植、对植、丛植，或与阔叶树混植
3	水杉	杉科水杉属	落叶针叶树。我国特有，活化石植物。喜光，喜温暖湿润气候，喜酸性土壤，喜湿又怕涝，对有毒气体抗性弱。秋叶棕褐色	最宜公园绿地列植，丛植、片植、群植，或与池杉混植。亦可作防护林

续表

序号	名称	科属	习性	园林用途
4	苏铁	苏铁科 苏铁属	常绿针叶树。不耐寒,不耐积水,生长慢,寿命长。叶形似羽毛	可孤植、对植,北方宜盆栽,叶可插花
5	南洋杉	南洋杉科 南洋杉属	常绿针叶树。不耐干旱和寒冷,喜肥沃湿润土壤,较耐风,再生能力强	可孤植、列植、丛植、群植、对植,或用于大型雕塑或铜像背景,可室内盆栽
6	雪松	松科 雪松属	常绿针叶树。耐寒、耐干旱。喜中性或微酸性土壤。浅根性,不耐烟尘,对毒气敏感	最宜孤植于草坪、花坛中央,也可丛植、对植、列植
7	日本五针松	松科 松属	常绿针叶树。不耐低温及高温,抗海风,生长慢,寿命长	适宜做各类盆栽,可孤植或对植
8	柳杉	杉科 柳杉属	常绿针叶树。不耐酷热和干旱,喜酸性土壤,浅根性,对二氧化硫、氯气、氟化氢有一定抗性	最适孤植、对植,亦宜群植、片植,可作庭荫树、行道树。江南常作墓道树
9	侧柏	柏科 侧柏属	常绿针叶树。我国特有。不耐积水,喜钙质土壤,耐修剪,寿命长,抗烟尘和有毒气体。我国应用最广泛的园林树种之一	常植于寺庙、陵墓地和庭园中。可片植、列植或植篱,也可花坛中心孤植
10	罗汉松	罗汉松科 罗汉松属	常绿针叶树。不耐寒,抗病虫和有毒气体,寿命长	适于庭园、陵园、纪念性建筑周围种植。矮化品种适于桩景、盆景
11	南方红豆杉	红豆杉科 红豆杉属	常绿针叶树。喜酸性土壤。生长慢,寿命长。秋后假种皮红色	最宜庭园作园景树,或与其他树种混植,或配于风景林
12	玉兰	木兰科 木兰属	落叶乔木。先花后叶。喜酸性土壤,水湿易烂根。与海棠、牡丹、桂花配植,象征"玉堂富贵"	宜植于厅前、院后。可用针叶树作背景,与其他花灌木配植
13	鹅掌楸	木兰科 鹅掌楸属	落叶乔木。喜光,不耐干旱和水湿,喜酸性土壤。叶形奇特,花如金盏,秋叶艳黄	行道树、庭荫树
14	垂丝海棠	蔷薇科 苹果属	落叶乔木。耐寒性不强,怕旱怕涝。花繁色艳,朵朵下垂。著名的庭园花木	可在草坪、林缘、坡地、窗前、墙边栽植
15	梅	蔷薇科 李属	落叶乔木。先花后叶。耐修剪,寿命长。我国传统名花之一。与兰、竹、菊并称"四君子",与松、竹并称"岁寒三友"	可孤植、丛植、群植,也可作桩景和插花

续表

序号	名称	科属	习性	园林用途
16	樱花	蔷薇科 李属	落叶乔木。花叶同放。不耐盐碱,根系浅,对烟尘抵抗弱	常群植于庭院或路旁
17	桃	蔷薇科 李属	落叶乔木。喜光、耐旱、耐寒力强,不耐水湿。浅根性,寿命短。我国早春主要观花树种之一	孤植、丛植、列植、群植均适宜,可作切花、盆栽,或专类园
18	红叶李	蔷薇科 李属	落叶乔木。喜光,不耐寒。叶色鲜艳,重要的观叶树种	宜植于建筑物前、园路旁或草坪一隅
19	合欢	豆科 合欢属	落叶乔木。喜光,耐干旱瘠薄,生长快。小叶昼展夜合	行道树、庭荫树、园景树
20	悬铃木	悬铃木科 悬铃木属	落叶乔木。喜光,对烟尘抗性强,耐修剪。有一球(美国梧桐)、二球(英国梧桐,杂交种,"行道树之王")、三球(法国梧桐)之分	行道树、庭荫树
21	垂柳	杨柳科 柳属	落叶乔木。耐污染,速生,耐寒,耐湿,耐旱。枝条细长,柔软下垂。水边常见栽培树种	园景树、行道树、庭荫树、护岸树
22	枫杨	胡桃科 枫杨属	落叶乔木。喜光,但耐水湿、耐寒、深根性、速生、萌蘖性强	行道树、庭荫树、护岸树、防风林
23	重阳木	大戟科 重阳木属	落叶乔木。喜光,耐湿,根系发达,生长快,对二氧化硫有一定抗性。三出复叶,秋叶变红	庭荫树、行道树、护岸树
24	乌桕	大戟科 乌桕属	落叶乔木。喜光,耐水湿,能适应含盐0.25%的土壤。叶菱形,秋叶变红,为著名秋色叶树	孤植、散植或列植,作行道树、护岸树
25	紫薇	千屈菜科 紫薇属	落叶乔木。有一定耐寒耐旱能力,生长慢,萌蘖性强,寿命长,抗烟尘和有毒气体。夏秋季节开花	园景树、孤植、丛植、群植均可,也可作树桩盆景
26	梧桐	梧桐科 梧桐属	落叶乔木。喜光,不耐寒,不耐涝,深根性,萌芽力弱,不耐修剪。生长快,寿命长。秋叶变黄	行道树、庭荫树,宜与棕榈、竹、芭蕉配植,点缀假山
27	白兰花	木兰科 含笑属	常绿乔木。不耐阴,不耐干旱和水涝,对二氧化硫、氯气等有毒气体抗性差。著名的香花树种	行道树、庭荫树
28	乐昌含笑	木兰科 含笑属	常绿乔木。生于海拔300~1 500 m山地林间	园景树、庭荫树,宜孤植、丛植或列植

续表

序号	名称	科属	习性	园林用途
29	樟树	樟科 樟属	常绿乔木。喜光,深根性,寿命长。耐烟尘,抗二氧化硫和臭氧	庭荫树、行道树、风景林、防护林树种
30	广玉兰	木兰科 木兰属	常绿乔木。喜光,喜温暖湿润气候,抗二氧化硫等有害气体	宜孤植、丛植或列植
31	榕树	桑科 榕属	常绿乔木。生长快,寿命长,对风和烟尘有一定抗性	行道树、庭荫树,群植作风景林、防护林
32	黄葛树	桑科 榕属	常绿乔木。重庆市树。阳性,喜温暖,耐瘠薄,抗风,抗污染	行道树、庭荫树或绿化风景树
33	山茶花	山茶科 山茶属	常绿小乔木或灌木。重庆市花。需较多水分,抗氯气和二氧化硫。中外名贵花木	可孤植、群植,或与牡丹、玉兰配植
34	蒲桃	桃金娘科 蒲桃属	常绿乔木。喜光,喜温暖湿润气候及肥沃土壤	园景树、绿化树
35	女贞	木犀科 女贞属	常绿乔木。萌蘖强,耐修剪,不耐干旱瘠薄。抗有毒气体和烟尘	孤植、列植。可作行道树、绿篱、绿墙
36	桂花	木犀科 木犀属	常绿乔木。萌蘖性强,不耐干旱瘠薄,忌积水,不耐寒,寿命长。抗有毒气体。香花树种	宜孤植、对植、丛植、片植。可作园景树或与山石配植
37	枇杷	蔷薇科 枇杷属	常绿乔木。喜光,喜温暖湿润气候,不耐寒,深根性。冬日开花	配植山石,也可丛植、群植
38	羊蹄甲	苏木科 羊蹄甲属	常绿乔木。喜温暖、潮湿环境,不耐寒。叶形奇特	园景树、行道树
39	鹅掌柴	五加科 鹅掌柴属	常绿乔木。喜温暖湿润,不耐寒。叶形奇特	可室内盆栽、插花配叶、庭院孤植
40	龟背竹	天南星科 龟背竹属	常绿藤本。喜温暖、湿润、半阴环境,忌强光直射,不耐寒	室内盆栽,切叶或插花配材
41	棕榈	棕榈科 棕榈属	常绿乔木。喜光,耐寒性强,浅根性,抗二氧化硫等气体和烟尘	宜对植、列植,也可孤植、群植
42	蒲葵	棕榈科 蒲葵属	常绿乔木。喜光,喜温暖湿润,不耐寒	对植,可列植作行道树,可群植作片林
43	假槟榔	棕榈科 假槟榔属	常绿乔木。喜光,喜温暖湿润气候及酸性土壤	行道树、园景树,可片植、散植、丛植
44	贴梗海棠	蔷薇科 木瓜属	落叶灌木。喜光,稍耐阴,耐瘠薄,忌水湿。秋果黄色芳香	宜孤植、丛植,可与迎春、连翘混植

续表

序号	名称	科属	习性	园林用途
45	蜡梅	蜡梅科蜡梅属	落叶灌木。喜光,耐寒,耐旱,耐修剪,抗氯气、二氧化硫等有毒气体。冬季花木	可孤植、对植、丛植,常与南天竺配植,呈红果、黄花、绿叶
46	紫荆	苏木科紫荆属	落叶灌木。先花后叶。萌蘖性强,耐修剪。抗氯气,滞烟尘	宜丛植,可作花篱
47	八仙花	八仙花科八仙花属	落叶灌木。喜温暖、湿润环境。花色与土壤 pH 值有关	可片植、丛植,可作花篱、花带,可盆栽
48	木槿	锦葵科木槿属	落叶灌木。喜光,喜温暖湿润气候,较耐寒,耐修剪。夏季花木	常作花篱,可丛植、群植
49	石榴	石榴科石榴属	落叶灌木。喜温暖向阳,耐旱、耐寒,也耐瘠薄,不耐涝和荫蔽	宜孤植或丛植,可作桩景或盆栽
50	迎春	木犀科茉莉属	落叶灌木。耐旱,耐寒,不耐水湿,萌蘖性强。先花后叶。与蜡梅、水仙、山茶称"雪中四友"	宜路边、山坡等边缘种植,可作花篱或地被,也可作护岸树
51	含笑	木兰科含笑属	常绿灌木。喜半阴,不耐暴晒干燥,抗氯气。香花树种	宜孤植、丛植,北方可盆栽
52	玫瑰	蔷薇科蔷薇属	落叶灌木。极喜光,耐寒,耐旱,忌水涝,萌蘖性强。香花树种	宜作花篱,可作切花,常丛植、片植
53	月季	蔷薇科蔷薇属	常绿灌木。耐重剪,抗二氧化硫。"花中皇后",四大切花(月季、菊花、香石竹和唐菖蒲)之一	作花坛、花篱、花境,可配植或盆栽
54	红叶石楠	蔷薇科石楠属	常绿灌木。喜强光照,耐干旱瘠薄,也耐阴,萌蘖性强。叶片夏季转绿,秋、冬、春三季呈现红色	常作绿篱,可作行道树或盆栽
55	杜鹃	杜鹃花科杜鹃花属	常绿灌木。酸性土壤指示植物,耐干旱,不耐暴晒,不耐水湿	群植,可作花篱、丛植、配植,可盆栽
56	红花檵木	金缕梅科檵木属	常绿灌木。喜光,耐旱,萌蘖强,耐修剪。耐瘠薄。花叶俱红	作花篱,丛植或与杜鹃配植,或盆栽
57	海桐	海桐花科海桐花属	常绿灌木。喜光,喜温暖湿润,耐盐碱,萌蘖性强,抗有毒气体	作绿篱,可孤植或丛植,也可配植山石
58	夹竹桃	夹竹桃科夹竹桃属	常绿灌木。喜光,不耐寒,不耐水涝,耐修剪,抗烟尘及有毒气体	适于孤植、群植或列植,树皮、叶有毒
59	一品红	大戟科大戟属	常绿灌木。喜温暖湿润,喜光,不耐寒,对水分要求严。可作圣诞、元旦、春节等节日用花	最宜盆栽,可作切花

续表

序号	名称	科属	习性	园林用途
60	大叶黄杨	卫矛科 卫矛属	常绿灌木。喜光,耐干旱,萌蘖强,耐修剪,抗烟尘及有毒气体	宜作绿篱,可对植、列植、中心植
61	海枣	棕榈科 刺葵属	常绿乔木。能耐短期低温,可生长于干旱、盐碱的土壤	富有热带风情,适宜行道树、庭园栽培
62	红千层	桃金娘科 红千层属	常绿乔木。适应性强,略耐寒,也耐旱。红色花序似试管刷	宜作庭园观赏树、行道树
63	栾树	无患子科 栾树属	落叶乔木。秋叶变黄。喜光、耐寒、耐干旱瘠薄,喜石灰性土壤。对烟尘和有毒气体抗性强	宜作庭荫树、行道树、风景林树种。适于厂区绿化
64	杜英	杜英科 杜英属	常绿乔木。喜温暖湿润环境及排水良好的酸性土壤。耐修剪。对二氧化硫抗性强	宜列植作绿墙,对植庭前、入口、丛植、群植于草坪边缘
65	朴树	榆科 朴属	落叶乔木。喜光,稍耐阴,耐寒。对二氧化硫、氯气等有毒气体的抗性强	宜作庭荫树、行道树。适于厂区绿化
66	天竺桂	樟科 樟属	常绿乔木。喜温暖湿润,微酸性或中性土壤,不耐旱、耐寒,对二氧化硫抗性强	宜作行道树或庭院栽植。可作防护林和造林树种
67	龙爪槐	豆科 槐属	落叶乔木。喜光,稍耐阴。对二氧化硫、氟化氢、氯气等有毒气体及烟尘有一定抗性	宜孤植、对植、列植。宜作行道树,园景树
68	八角金盘	五加科 八角金盘属	常绿灌木。喜阴湿,耐寒性差,也不耐酷热和强光暴晒,不耐干旱,萌蘖性强,抗二氧化硫	宜配植于背阴面,或片植林缘,北方可盆栽
69	火棘	蔷薇科 火棘属	常绿灌木。喜光,耐贫瘠,抗干旱,萌蘖强,耐修剪。秋果红色	宜作绿篱或丛植,可作盆景,果枝瓶插
70	栀子	茜草科 栀子属	常绿灌木。酸性土植物。喜光,忌强光直射,不耐寒,耐修剪,抗氯气。香花树种	可丛植、列植,或作绿篱、盆栽,作盆景或切花
71	六月雪	茜草科 六月雪属	常绿灌木。畏强光,萌芽力强,耐修剪	常作绿篱,盆景或地被植物
72	南天竹	小檗科 南天竹属	常绿灌木。钙质土指示植物。喜光,不耐积水。秋冬叶果变红	丛植,或与松、蜡梅配植,可作盆景
73	阔叶十大功劳	小檗科 十大功劳属	常绿灌木。喜光,不耐寒,萌蘖性强。枝叶奇特,秋后变红	常与山石配植,可作冬季切花材料

续表

序号	名称	科属	习性	园林用途
74	棕竹	棕榈科棕竹属	常绿灌木。喜半阴,不耐积水,不耐寒,生长缓慢	宜丛植,可列植或盆栽
75	散尾葵	棕榈科散尾葵属	常绿灌木。极耐阴,不耐寒,喜高温湿润环境	园景树,可配植棕榈,可盆栽
76	袖珍椰子	棕榈科袖珍椰子属	常绿灌木。忌日光直射,喜温暖、湿润、半阴环境,不耐寒	室内盆栽
77	常春藤	五加科常春藤属	常绿藤本。喜温暖、湿润、半阴环境,忌阳光直射	垂直绿化,攀援假山、建筑,室内盆栽
78	紫藤	蝶形花科紫藤属	落叶藤本。喜光,侧根少,不耐移植。抗二氧化硫等有毒气体	垂直绿化,或作树桩盆景,花枝可插
79	络石	夹竹桃科络石属	常绿藤本。喜光耐阴,耐旱忌涝,萌蘖强。花如"卐"字,秋叶变红	垂直绿化,攀援树干、建筑,可作地被
80	金银花	忍冬科忍冬属	落叶藤本。喜光,耐干旱水湿,耐寒,根系发达,萌蘖性强	垂直绿化材料,可作地被
81	爬山虎	葡萄科爬山虎属	落叶藤本。既喜光,也耐阴,耐干旱寒冷,抗氯气。秋叶变红	垂直绿化,攀援墙壁、棚架,可作地被
82	葡萄	葡萄科葡萄属	落叶藤本。喜光,耐干旱,忌水涝,较耐寒	垂直绿化,攀援棚架、长廊,可盆栽
83	凌霄	紫葳科凌霄属	落叶藤本。喜光,耐干旱,忌水涝,萌蘖强。夏秋观花	垂直绿化,攀援棚架、老树,可作桩景
84	叶子花	紫茉莉科叶子花属	常绿藤本。喜光,不耐寒,耐炎热,耐旱忌涝,耐修剪。苞片色艳	垂直绿化,布置花架、拱门,可作地被
85	慈竹	禾本科竹亚科慈竹属	常绿乔木,观赏竹类。喜温暖、湿润气候和土层疏松肥沃土壤,不耐干旱瘠薄	庭院、池旁作绿化竹种
86	孝顺竹	禾本科竹亚科簕竹属	常绿乔木,观赏竹类。喜温暖湿润气候。是丛生竹类中分布最广、适应性最强的竹种之一	丛植于池边、水畔,或对植于路旁、桥头、入口两侧,列植道路两侧
87	毛竹	禾本科竹亚科刚竹属	常绿乔木,观赏竹类。喜温暖湿润,需水但不耐水淹。喜肥沃、酸性土壤	群植、片植于庭院前后、池旁

(三)观花树种基础知识★★

类别	类型	代表植物
花色	红色系花	玫瑰、贴梗海棠、合欢、山茶、刺桐、龙牙花等
	黄色系花	黄刺玫、迎春、连翘、棣棠、蜡梅、洋槐等
	蓝色系花	紫藤、蓝花楹、紫丁香、泡桐、荆条等
	白色系花	玉兰、广玉兰、梨、含笑、栀子等
花香		桂花、栀子、含笑、白兰花、月季、玫瑰、蜡梅、茉莉等
花期	春季开花	玉兰、海棠、连翘、紫荆、李、杏、桃等
	春夏开花	紫薇、棣棠、紫藤、凌霄、玫瑰、牡丹等
	夏秋开花	合欢、栾树、国槐、金银花、藤本月季、木槿等
	冬季开花	蜡梅、枇杷、梅花、山茶、迎春等
开花类别	先花后叶	玉兰、连翘、梅、杏、李、紫荆、迎春等
	花叶同放	苹果、海棠、核桃、樱花等
	先叶后花	木槿、槐、桂花、凌霄、紫薇等

二、园林花卉

(一)一二年生草花、宿根花卉、球根花卉的特征和在园林绿地中的应用★★★

类别	特征性质	园林应用
一年生草花	一年内完成生命周期,一般春季播种,夏秋开花,秋后遇霜枯死	花坛、花境等布置,部分可作切花或地被
二年生草花	两年内完成生命周期,多在秋季播种,翌年春夏季开花、结实后枯死	花坛、花境等布置,部分可作切花或地被
宿根花卉	开花结果后,整体或部分能够安全越冬。整个植株安全越冬的称常绿宿根花卉,仅地下部分安全越冬的称落叶宿根花卉	花境、花丛等布置,也可作室内装饰
球根花卉	地下具膨大的根或变态茎,根据其形态分为鳞茎类、球茎类、块茎类、根茎类、块根类。春季萌芽,夏秋开花,冬季球根休眠的称春植球根。秋季萌芽,秋、冬、春生长,夏季球根休眠的称秋植球根	花坛或切花材料,也可盆栽观赏

（二）主要园林花卉的科属、习性和园林用途★★★★★

序号	名称	科属	习性	园林用途
1	鸡冠花	苋科青葙属	一二年生花卉。喜光,喜炎热干燥,不耐涝。不耐寒,耐瘠薄	花坛、花境,也可盆栽,国庆节用花
2	半枝莲	唇形科黄芩属	一二年生花卉。好强光,耐寒,耐干旱瘠薄,日中盛开,光弱闭合	夏秋花坛、花境材料,可盆栽
3	石竹	石竹科石竹属	一二年生花卉。性耐寒,耐干旱贫瘠,要求高燥、日光充足	花坛、花境或盆栽,可作地被、切花
4	虞美人	罂粟科虞美人属	一二年生花卉。喜充足光照,耐旱性强,直根性,不耐移植	春季花坛、花境材料,可盆栽或切花
5	羽衣甘蓝	十字花科芸薹属	一二年生花卉。喜光,喜凉爽,较耐寒,对肥料要求严格	可盆栽,布置冬季花坛,或作鲜切花
6	三色堇	堇菜科堇菜属	一二年生花卉。较耐寒,喜凉爽环境。喜光,略耐半阴	花坛、花境及镶边植物,可盆栽或切花
7	矮牵牛	茄科矮牵牛属	一二年生花卉。喜温暖,不耐寒,怕雨涝,要求阳光充足	花坛或自然式布置,可盆栽
8	金鱼草	玄参科金鱼草属	一二年生花卉。喜光,耐寒,怕酷热,耐石灰质土壤	高型作切花或花境,中矮用于花坛、盆栽
9	雏菊	菊科雏菊属	一二年生花卉。喜冷凉气候,耐旱性强,忌炎热	花坛、花境镶边植物,可盆栽
10	非洲菊	菊科扶郎花属	宿根花卉。喜温暖,不耐寒,忌炎热,夏季需半阴栽培	常作切花,也可盆栽
11	金盏菊	菊科金盏菊属	一二年生花卉。耐低温,怕炎热。生长快。能自播繁衍	春季花坛材料,可盆栽或切花
12	瓜叶菊	菊科千里光属	一二年生花卉。冬惧严寒,夏畏高温。喜光,但忌直射,怕雨淋	冬春盆花,元旦、春节、五一节日用花
13	万寿菊	菊科万寿菊属	一二年生花卉。喜温暖,稍耐早霜,抗性强,耐移植。病虫害少	矮型作花坛、花境,高型作篱垣、切花
14	百日草	菊科百日草属	一二年生花卉。喜光,不耐干旱瘠薄,略耐高温,能自播繁衍	花坛、花境,可丛植或切花
15	香石竹	石竹科石竹属	宿根花卉。不耐旱、涝,喜凉爽,不耐炎热,稍耐低温	四大切花之一,可布置花坛
16	花叶良姜	姜科山姜属	宿根花卉。喜高温多湿环境,较耐寒,忌霜冻。喜光,稍耐阴	可于庭院角落、池畔点缀,可室内盆栽

续表

序号	名称	科属	习性	园林用途
17	波斯菊	菊科 秋英属	一二年生花卉。喜温暖凉爽,不耐寒,不耐炎热。喜光,耐干旱	宜作花丛、花群布置,可布置花镜,可作切花或地被植物
18	向日葵	菊科 向日葵属	一二年生花卉。喜光,其花序随光线转移方向。耐旱不耐寒	可布置夏秋季树坛、花镜。矮生品种可作盆栽或切花
19	天竺葵	牻牛儿苗科 天竺葵属	宿根花卉。喜光,喜温暖凉爽,怕高温也不耐寒,夏季休眠	重要盆栽植物,可作春、夏季花坛材料
20	水仙	石蒜科 水仙属	球根花卉。喜光,喜冷凉湿润,不耐炎热,夏季休眠。秋植球根。有"凌波仙子"美誉	可布置花坛、花镜,良好地被植物。可室内水养观赏
21	四季秋海棠	秋海棠科 秋海棠属	宿根花卉。喜温暖湿润环境,不耐寒,不喜强光。夏季多休眠	夏季花坛主要材料,可室内盆栽观赏
22	菊花	菊科 菊属	宿根花卉。喜冷凉,耐寒,耐干旱,忌水涝。短日照植物	四大切花之一,可作花坛、地被、盆花
23	天门冬	百合科 天门冬属	宿根花卉。喜温暖,不耐寒,耐半阴,夏忌阳光直射	可盆栽用于花坛,可悬吊,常作切花
24	文竹	百合科 天门冬属	宿根花卉。喜温暖湿润,不耐强光和低温,忌积水	室内盆栽,可作切花
25	一叶兰	百合科 蜘蛛抱蛋属	宿根花卉。喜阴湿、温暖环境,忌干燥和阳光直射,较耐寒。 又称"中国铁草"	室内盆栽,林下地被
26	吊兰	百合科 吊兰属	宿根花卉。喜阴湿、温暖环境,较耐旱,不甚耐寒。	室内盆栽,可悬吊垂直绿化
27	玉簪	百合科 玉簪属	宿根花卉。典型阴性植物,喜阴湿环境,极耐寒	林下地被,室内盆栽
28	万年青	百合科 万年青属	宿根花卉。喜阴湿、温暖环境,冬需阳光,夏忌阳光直射。怕涝	室内盆栽,林下地被
29	虎尾兰	百合科 虎尾兰属	宿根花卉。抗逆强,喜温暖湿润,夏忌强光,耐干燥,不甚耐寒	室内盆栽,温室地栽
30	仙客来	报春花科 仙客来属	球根花卉。喜温暖,不耐高温,亦不耐寒。花型奇特,春节开放	室内盆栽,春节用花,可作切花
31	大丽花	菊科 大丽花属	球根花卉。不耐严寒酷暑,忌积水不耐干旱,喜光忌直射	花坛、花境,可丛植,可切花,矮型盆栽
32	马蹄莲	天南星科 马蹄莲属	球根花卉。秋植球根。喜光,喜温暖,耐寒力强	盆栽,可切花,可布置花坛、花境

续表

序号	名称	科属	习性	园林用途
33	风信子	百合科 风信子属	球根花卉。耐寒性强,不耐炎热。喜冬季湿润温暖夏季凉爽干燥	花坛、花境材料,可切花、盆栽或水养
34	郁金香	百合科 郁金香属	球根花卉。耐寒性强,不耐炎热。喜冬季湿润温暖夏季凉爽干燥	花坛、花境材料,可切花、盆栽
35	朱顶红	石蒜科 朱顶红属	球根花卉。喜温暖、湿润、半阴环境,夏宜凉爽,冬季休眠	盆栽,可切花,可布置花坛、花境
36	美人蕉	美人蕉科 美人蕉属	球根花卉。喜光,喜温暖,稍耐寒,冬季休眠	布置花境,可丛植
37	鸢尾	鸢尾科 鸢尾属	宿根花卉。耐寒力强,较耐盐碱。喜光照充足,也耐半阴	布置花坛、花境,可作切花或地被
38	含羞草	豆科 含羞草属	一二年生花卉。喜温暖,不耐寒,喜湿润,触碰或夜间小叶闭合	盆栽观叶,或园林布置
39	一串红	唇形科 鼠尾草属	一二年生花卉。喜温暖、湿润,不耐寒,霜降后枯死	花坛、花境主材,国庆用花,可盆栽
40	凤仙花	凤仙花科 凤仙花属	一二年生花卉。喜炎热,不耐寒,需光照充足,能自播繁衍	花坛、花境、花篱栽植,可作盆花
41	蝴蝶兰	兰科 蝴蝶兰属	宿根花卉。附生兰类。喜高温、高湿,忌水涝气闷。又称"兰中皇后"	室内盆栽,可作切花

三、其他园林植物★★★★★

序号	名称	科属	习性	园林用途
1	荷花	睡莲科 莲属	水生植物。喜光,喜湿怕干,耐寒。宜静水。抗氟和二氧化硫	作专类园、主题水景,可盆栽或插花
2	睡莲	睡莲科 莲属	水生植物。喜温暖、清洁的静水环境。白天开花夜间闭合	水面绿化、点缀,可盆栽或切花
3	芦苇	禾本科 芦苇属	水生植物。喜温暖湿润,耐寒、抗旱、抗高温、抗倒伏	水边、岸边栽植,固堤植物
4	菖蒲	天南星科 菖蒲属	水生植物。喜冷凉、湿润、阴湿环境,耐寒,忌干旱	宜水体绿化,可盆栽或插花
5	凤眼莲	雨久花科 凤眼莲属	水生植物。喜温暖、湿润、阳光充足环境,稍耐寒	水面绿化,可盆栽
6	旱伞草	莎草科 莎草属	水生植物。喜温暖、阴湿及通风良好的环境,不耐寒冷	水体造景,或植于岸边,与假山等搭配

续表

序号	名称	科属	习性	园林用途
7	花叶芦竹	禾本科芦竹属	水生植物。喜光、喜温、能耐湿,较耐寒	水景绿化,点缀池畔,可盆栽或切花
8	肾蕨	骨碎补科肾蕨属	蕨类植物。自然萌发力强,喜半阴,不耐寒,较耐旱,耐瘠薄	阴性地被,可室内盆栽、切叶或吊挂
9	仙人掌	仙人掌科仙人掌属	多肉多浆植物。喜光,不耐寒,喜干燥,忌水涝。姿态独特	盆栽观赏,可作攀篱
10	蟹爪兰	仙人掌科蟹爪兰属	多肉多浆植物。喜温暖、湿润、半阴环境,不耐寒。茎形独特	冬春盆栽,或悬吊
11	芦荟	龙舌兰科芦荟属	多肉多浆植物。喜温暖、干燥,耐旱,耐盐碱,不耐寒	可孤植、丛植,可室内盆栽
12	龙舌兰	龙舌兰科龙舌兰属	多肉多浆植物。喜光,耐旱,不耐寒	盆栽,可布置花坛或配植假山、水池
13	白车轴草	蝶形花科三叶草属	草坪地被植物。喜湿润,较耐阴,耐干旱及寒冷。耐践踏	宜草坪装饰,可作堤岸防护草种
14	黑麦草	禾本科黑麦草属	草坪地被植物。喜温暖湿润,耐寒怕暑热,抗二氧化硫。又称"先锋草种"	可混播于草坪、公园、运动场
15	草地早熟禾	禾本科早熟禾属	草坪地被植物。喜光,喜湿润,不耐旱,耐寒性强,耐践踏	持绿时间长,可绿化运动场、高尔夫球场
16	结缕草	禾本科结缕草属	草坪地被植物。抗旱力强,喜光,耐高温,耐践踏	栽培最早,应用最多,用于各种场地
17	狗牙根	禾本科狗牙根属	草坪地被植物。耐旱,耐热,不耐阴。不耐寒,轻霜枯死。耐践踏	用于草坪、运动场
18	麦冬	百合科沿阶草属	草坪地被植物。喜光,喜温暖湿润,耐寒、耐旱、抗病虫	栽于台阶两侧或林下地被,室外绿化
19	吉祥草	百合科吉祥草属	草坪地被植物。喜温暖、湿润环境,较耐寒耐阴	地被片植,可盆栽
20	红花酢浆草	酢浆草科酢浆草属	草坪地被植物。喜温暖、湿润,不耐寒,耐阴性强	布置于花坛、花境,可林下地被或盆栽

真题演练

一、单项选择题

1. (2016 年) 下列不属于常绿树的是(　　)。
   A. 假槟榔　　　　　B. 石楠　　　　　　C. 悬铃木　　　　　D. 南洋杉

2. (2016 年) 下列植物属于灌木的是(　　)。
   A. 樱花　　　　　　B. 柳杉　　　　　　C. 垂柳　　　　　　D. 月季

3. (2016 年) 下列植物中,秋季叶片变黄的是(　　)。
   A. 桂花　　　　　　B. 构骨　　　　　　C. 银杏　　　　　　D. 山茶

4. (2017 年) 下列不属于落叶树的是(　　)。
   A. 银杏　　　　　　B. 樱花　　　　　　C. 山茶　　　　　　D. 红叶李

5. (2017 年) 下列植物中,自然花期在冬季的是(　　)。
   A. 蜡梅　　　　　　B. 荷花　　　　　　C. 牡丹　　　　　　D. 桃

6. (2017 年) 下列植物不适宜作绿篱的是(　　)。
   A. 红叶石楠　　　　B. 广玉兰　　　　　C. 红花檵木　　　　D. 大叶黄杨

7. (2017 年) 仙人掌属于(　　)。
   A. 宿根花卉植物　　B. 球根花卉植物　　C. 水生植物　　　　D. 多肉多浆植物

8. (2017 年) 下列属于先开花后展叶的植物是(　　)。
   A. 龙爪槐　　　　　B. 马褂木　　　　　C. 紫荆　　　　　　D. 西府海棠

9. (2018 年) 下列属于先开花后展叶的植物是(　　)。
   A. 合欢　　　　　　B. 木槿　　　　　　C. 白玉兰　　　　　D. 石榴

10. (2018 年) 下列植物被称为"活化石"的是(　　)。
    A. 黄葛树　　　　　B. 香樟　　　　　　C. 榕树　　　　　　D. 银杏

11. (2018 年) 水杉属于(　　)。
    A. 常绿针叶树　　　B. 落叶阔叶树　　　C. 常绿阔叶树　　　D. 落叶针叶树

12. (2018 年) 下列不属于多肉多浆植物的是(　　)。
    A. 虎尾兰　　　　　B. 仙人掌　　　　　C. 芦荟　　　　　　D. 肾蕨

13. (2019 年) 桂花属于(　　)。
    A. 木犀科　　　　　B. 十字花科　　　　C. 槭树科　　　　　D. 石竹科

14. (2019 年) 下列属于藤本植物的是(　　)。
    A. 紫荆　　　　　　B. 紫薇　　　　　　C. 木槿　　　　　　D. 葡萄

15. (2019 年) 下列最宜用于足球场的草坪草是(　　)。
    A. 红花酢浆草　　　B. 沿阶草　　　　　C. 吉祥草　　　　　D. 狗牙根

16. (2019 年) 蜡梅属于(　　)。
    A. 落叶灌木　　　　B. 常绿灌木　　　　C. 落叶乔木　　　　D. 常绿乔木

17. (2019 年) 下列属于球根植物的是(　　)。

  A. 郁金香　　　　B. 文竹　　　　　C. 一串红　　　　　D. 结缕草

18.（2020 年）下列适宜作庭荫树的是（　　）。

  A. 南天竹　　　　B. 月季　　　　　C. 黄葛树　　　　　D. 八角金盘

19.（2020 年）下列植物,有"行道树之王"美称的是（　　）。

  A. 悬铃木　　　　B. 白玉兰　　　　C. 红叶李　　　　　D. 木槿

20.（2020 年）下列属于宿根花卉的是（　　）。

  A. 玉簪　　　　　B. 水仙　　　　　C. 郁金香　　　　　D. 百合

21.（2020 年）下列属于多肉多浆植物的是（　　）。

  A. 肾蕨　　　　　B. 芦荟　　　　　C. 文竹　　　　　　D. 雏菊

22.（2020 年）下列植物中,秋季叶色变黄的是（　　）。

  A. 香樟　　　　　B. 天竺桂　　　　C. 银杏　　　　　　D. 棕榈

23.（2021 年）广玉兰属于（　　）。

  A. 木兰科　　　　B. 百合科　　　　C. 松科　　　　　　D. 柏科

24.（2021 年）下列属于针叶树的是（　　）。

  A. 梧桐　　　　　B. 广玉兰　　　　C. 雪松　　　　　　D. 黄葛树

25.（2021 年）下列植物秋冬叶色会发生变化的是（　　）。

  A. 棕榈　　　　　B. 水杉　　　　　C. 桂花　　　　　　D. 苏铁

26.（2021 年）下列属于常绿灌木的是（　　）。

  A. 海桐　　　　　B. 紫荆　　　　　C. 木槿　　　　　　D. 葡萄

27.（2021 年）小叶榕属于（　　）。

  A. 常绿阔叶树　　B. 落叶针叶树　　C. 常绿针叶树　　　D. 落叶阔叶树

二、判断题

1.（2016 年）大叶黄杨耐修剪,可以用作绿篱。　　　　　　　　　　　　　（　　）

2.（2016 年）紫藤属常绿藤本植物,多用作棚架、门廊绿化材料。　　　　　（　　）

3.（2016 年）矮牵牛为多年生宿根花卉,适于花坛及自然式布置。　　　　　（　　）

4.（2016 年）黑麦草被称为"先锋草种",常用于急需草坪。　　　　　　　（　　）

5.（2017 年）叶子花属藤本植物,多用于垂直绿化,不能用作盆栽造型。　　（　　）

6.（2017 年）香樟根深叶茂,冠大荫浓,可用作行道树。　　　　　　　　　（　　）

7.（2017 年）三色堇花色瑰丽,株型低矮,可用作花坛、花境及镶边植物。　（　　）

8.（2017 年）红花酢浆草耐阴,常用于布置树坛。　　　　　　　　　　　　（　　）

9.（2017 年）红叶石楠属落叶灌木。　　　　　　　　　　　　　　　　　　（　　）

10.（2018 年）香樟是落叶乔木。　　　　　　　　　　　　　　　　　　　　（　　）

11.（2018 年）虞美人是优良的花坛和花境材料。　　　　　　　　　　　　（　　）

12.（2018 年）郁金香是球根植物。　　　　　　　　　　　　　　　　　　（　　）

13.（2018 年）蜡梅是常见的冬季观花植物。　　　　　　　　　　　　　　（　　）

14.（2018 年）大叶黄杨萌芽发枝能力强,耐修剪。　　　　　　　　　　　（　　）

15.（2019 年）银杏的叶形奇特似扇,且秋季叶色变黄。　　　　　　　　　（　　）

16. (2019 年)南天竹是赏叶观果俱佳的灌木。   (   )

17. (2019 年)半枝莲可作为夏季花坛、花境材料。   (   )

18. (2019 年)古典园林中,玉兰常与西府海棠、牡丹、桂花配植象征"玉堂富贵"。 (   )

19. (2020 年)水杉属于落叶阔叶树。   (   )

20. (2020 年)羽衣甘蓝可用于布置冬季花坛。   (   )

21. (2020 年)白玉兰是先开花后展叶的落叶乔木。   (   )

22. (2020 年)黑麦草被称为"先锋草种",用于急需草坪。   (   )

23. (2021 年)银杏为我国所特有,被称为"活化石植物"。   (   )

24. (2021 年)悬铃木被誉为"行道树之王"。   (   )

25. (2021 年)紫薇的自然花期是冬季。   (   )

26. (2021 年)爬山虎属于常绿藤本植物。   (   )

三、问答题

1. (2016 年)雪松的观赏特征及园林用途有哪些?

2. (2017 年)月季的园林用途有哪些?

3. (2018 年)请列举 5 种适宜用作棚架绿化的植物。

4. (2019 年)下列植物中,哪 5 种最适宜用作行道树?（如有多答,按前 5 个评分）

红花檵木、银杏、广玉兰、八角金盘、虞美人、黄葛树、杜鹃、小叶榕、十大功劳、香樟。

习题练习

一、单项选择题

1. 在园林、风景区池畔、湖滨广泛应用,充满野趣的优良固堤植物是(   )。

    A. 荷花   B. 睡莲   C. 芦苇   D. 王莲

2. 下列属于落叶灌木的是(   )。

    A. 蜡梅   B. 红叶石楠   C. 金钱松   D. 月季

3. 下列植物秋季叶片会变红的是(   )。

    A. 月季   B. 常春藤   C. 乌桕   D. 银杏

4. 下列最适宜酸性土壤的树种是(   )。

    A. 杜鹃   B. 侧柏   C. 月季   D. 罗汉松

5. 下列属常绿乔木的树种是(   )。

    A. 金钱松   B. 葡萄   C. 香樟   D. 广玉兰

6. 下列最适于室内布置的藤本植物是(   )。

    A. 凌霄   B. 叶子花   C. 阔叶十大功劳   D. 龟背竹

7. 梧桐属于(   )。

    A. 落叶灌木   B. 常绿灌木   C. 落叶乔木   D. 常绿乔木

8. 下列属于宿根花卉的是(   )。

  A. 一串红   B. 香石竹   C. 大丽花   D. 虞美人

9. 兼有观花和观果特性的树种是(　　)。

  A. 木槿   B. 石榴   C. 袖珍椰子   D. 风信子

10. 下列属于落叶灌木的是(　　)。

  A. 玉兰   B. 红叶石楠   C. 紫荆   D. 海桐

11. 有花中"皇后"之称的是(　　)。

  A. 玫瑰   B. 月季   C. 牡丹   D. 康乃馨

12. 常见园林植物水仙、君子兰属于(　　)。

  A. 石竹科   B. 百合科   C. 石蒜科   D. 兰科

13. 秋季叶为黄色的树种是(　　)。

  A. 紫薇   B. 南天竹   C. 银杏   D. 红枫

14. 下列不适宜作草坪与地被植物的是(　　)。

  A. 红花酢浆草 B. 结缕草   C. 吉祥草   D. 旱伞草

15. 络石的主要园林用途是用作(　　)。

  A. 垂直绿化   B. 绿篱   C. 行道树   D. 庭荫树

16. 袖珍椰子的主要园林用途是(　　)。

  A. 行道树   B. 垂直绿化   C. 室内盆栽   D. 绿篱

17. 下列属于秋季观叶树种的是(　　)。

  A. 乌桕   B. 香樟   C. 菊花   D. 蜡梅

18. 下列属于常绿乔木的树种是(　　)。

  A. 水杉   B. 香樟   C. 玉兰   D. 枫杨

19. 合欢多为观赏或园林绿化树种,属于(　　)。

  A. 樟科   B. 木兰科   C. 含羞草科   D. 十字花科

20. 紫藤的主要园林用途是(　　)。

  A. 孤散植   B. 垂直绿化   C. 绿篱   D. 行道树

21. 下列属于藤本植物的是(　　)。

  A. 紫荆   B. 紫薇   C. 紫叶李   D. 紫藤

22. 下列最宜用于足球场的草坪草的是(　　)。

  A. 红花酢浆草 B. 白车轴草   C. 花叶芦竹   D. 狗牙根

23. 蜡梅属于(　　)。

  A. 落叶灌木   B. 常绿灌木   C. 落叶乔木   D. 常绿乔木

24. 下列属于球根植物的是(　　)。

  A. 郁金香   B. 文竹   C. 一串红   D. 结缕草

25. 下列植物属于宿根花卉的是(　　)。

  A. 鸡冠花   B. 石竹   C. 非洲菊   D. 大丽花

26. 下列植物不属于木质藤本的是(　　)。

  A. 木槿   B. 紫藤   C. 葡萄   D. 常春藤

27. 下列属于观果植物的是(　　)。

    A. 石榴　　　　　　B. 夹竹桃　　　　　　C. 八角金盘　　　　　D. 海枣

28. 下列植物中可作为庭荫树观赏,花极具芳香的是(　　)。

    A. 黄葛树　　　　　B. 白兰花　　　　　　C. 鹅掌柴　　　　　　D. 海桐

29. 下列不属于水生植物的是(　　)。

    A. 常春藤　　　　　B. 睡莲　　　　　　　C. 荷花　　　　　　　D. 菖蒲

30. 下列属于浮水植物的是(　　)。

    A. 荷花　　　　　　B. 睡莲　　　　　　　C. 花叶芦竹　　　　　D. 金鱼草

31. 下列植物不能用作地被植物的是(　　)。

    A. 麦冬　　　　　　B. 合欢　　　　　　　C. 吉祥草　　　　　　D. 白车轴草

32. 下列植物不能用作行道树的是(　　)。

    A. 小叶榕　　　　　B. 紫荆　　　　　　　C. 天竺桂　　　　　　D. 广玉兰

33. 下列不适合用作垂直绿化的是(　　)。

    A. 麦冬　　　　　　B. 爬山虎　　　　　　C. 常春藤　　　　　　D. 叶子花

34. 下列植物适合栽植于水边湖畔的是(　　)。

    A. 垂柳　　　　　　B. 银杏　　　　　　　C. 鹅掌柴　　　　　　D. 仙人掌

35. 下列植物适合于林下栽植和室内盆栽观赏的是(　　)。

    A. 月季　　　　　　B. 凌霄　　　　　　　C. 龟背竹　　　　　　D. 红花檵木

36. 下列植物不属于秋色叶类的是(　　)。

    A. 银杏　　　　　　B. 乌桕　　　　　　　C. 雪松　　　　　　　D. 水杉

37. 下列植物不属于球根花卉的是(　　)。

    A. 鸡冠花　　　　　B. 水仙　　　　　　　C. 朱顶红　　　　　　D. 郁金香

38. 下列不属于冬季开花的植物的是(　　)。

    A. 紫薇　　　　　　B. 蜡梅　　　　　　　C. 山茶　　　　　　　D. 梅花

39. 下列不属于攀缘藤本植物的是(　　)。

    A. 爬山虎　　　　　B. 南天竹　　　　　　C. 凌霄　　　　　　　D. 络石

40. 蒲桃在分类上属于(　　)。

    A. 落叶灌木　　　　B. 常绿灌木　　　　　C. 落叶乔木　　　　　D. 常绿乔木

二、判断题

1. 木兰科的植物花大而美,多为重要的庭院绿化树种。　　　　　　　　　　　　　　(　　)

2. 南洋杉树形姿态优美,可用于盆栽观赏。　　　　　　　　　　　　　　　　　　　(　　)

3. 贴梗海棠、垂丝海棠都属于蔷薇科苹果属的植物,生长习性相近。　　　　　　　　(　　)

4. 花叶芦竹是禾本科草本植物,常用于林下地被。　　　　　　　　　　　　　　　　(　　)

5. 白兰的花呈白色,有芳香,可以提炼香精。　　　　　　　　　　　　　　　　　　(　　)

6. 乌桕叶片呈菱形,秋叶变红,可在草坪上孤植。　　　　　　　　　　　　　　　　(　　)

7. 百日草是常见的花坛、花境材料,也可用于丛植和切花。　　　　　　　　　　　　(　　)

8. 岁寒三友是"蜡梅、兰花、菊花"。　　　　　　　　　　　　　　　　　　　　　　(　　)

9. 常春藤是落叶藤本植物。　　　　　　　　　　　　　　　　　　　　　　　　　　(　　)

10. 地被植物一般以草本植物为主,很少甚至不用木本植物及藤本植物。　　（　　）

11. 紫薇耐修剪,枝干柔韧,且枝间形成层极易愈合,故容易造型。　　　　（　　）

12. 南洋杉可作为室内盆栽观赏。　　　　　　　　　　　　　　　　　　　（　　）

13. 黄葛树属于落叶乔木。　　　　　　　　　　　　　　　　　　　　　　（　　）

14. 爬山虎是一种良好的垂直绿化植物材料。　　　　　　　　　　　　　　（　　）

15. 日本五针松形态美,可塑性强,适宜制作各类盆景。　　　　　　　　　（　　）

16. 梅花、蜡梅、羽衣甘蓝都是冬季观赏的植物。　　　　　　　　　　　　（　　）

17. 南天竹秋冬叶色变红,红果累累,经冬不落,是赏叶观果佳品。　　　　（　　）

18. 八仙花花色因土壤的酸碱度的变化而变化,一般的规律是酸红碱蓝。　（　　）

19. 雪松树体高大,主干耸直,最宜孤植于草坪、花坛中央、建筑物前庭中心。（　　）

20. 会落叶的树叫落叶树,不会落叶的树叫常绿树。　　　　　　　　　　　（　　）

三、问答题

1. 请列举出 5 种适宜用作花灌木的植物。

2. 请列举出 5 种适宜用作垂直绿化的植物。

3. 请列举出 5 种适宜用作林下地被的植物。

4. 请列举出 5 种适宜用作绿篱的植物。

5. 请列举出 5 种先花后叶的园林植物。

6. 请列举出 5 种园林香花树种。

7. 请列举出 5 种秋色叶树。

第二部分　园林植物栽培养护

第一单元　园林植物栽培机具的使用与维护

考点分析

1. 了解园林机具的种类。
2. 掌握草坪修剪机的操作。
3. 掌握微灌设备的配置。
4. 掌握园林机具的日常维护。
5. 理解园林机具的技术保养。

题型与分值

题型	2016 年	2017 年	2018 年	2019 年	2020 年	2021 年
单项选择题	—	—	6 分	6 分	6 分	6 分
判断题	—	—	6 分	6 分	6 分	9 分
简答题	—	—	—	—	—	—

相关知识

一、园林机具的种类★★★★★

种类	机具
手工工具	剪、锯、刀、锹、铲、锄、镐、耙、镰、叉、刷、斧等
整地机具	犁、旋耕机、圆盘耙、开沟机、整地机、推土机、平地机、挖掘机等
建植机具	植树机、树木移植机、切条机、插条机、起苗机、移栽机、草坪播种机、起草皮机（草皮移植机）、除根机、采种机等

续表

种类	机具
养护机具	绿篱修剪机、割灌机、油锯、草坪修剪机、打孔机、疏草机等
灌溉机具	园林用水泵、喷灌系统、微喷设备等
植保机具	手动喷雾器、担架式机动喷雾机、背负式喷雾喷粉机、喷杆喷雾机、喷雾车等

二、喷灌系统

(一)喷灌的种类★★★

种类	特征
固定式喷灌系统	水泵和动力机安装在固定位置,干管和支管埋在地下,竖管伸出地面。喷头固定或轮流安装在竖管上。这种喷灌系统操作方便,生产效率高,故障少,但缺点是投资大,适用于经常喷灌的苗圃、草坪和需要经常灌溉的草花区
半固定式喷灌系统	动力机、水泵和干管是固定的,喷头和支管可以移动。这种喷灌系统减少了管道投资,但劳动强度增大,且容易损坏苗木
移动式喷灌系统	除水源外,其余部分均可移动。往往把可移动部分安装在一起,构成一个整体,称为喷灌机组。这种机组结构简单,设备利用率高,单位面积投资少,机动性好

(二)喷灌系统的组成★★★

组成	组成及功用
水源	城市绿地一般采用自来水为喷灌水源,近郊或农村选用未被污染的河水或塘水为水源,有条件的也可用井水或自建水塔
水泵与动力机	水泵是对水加压的设备,水泵的压力和流量取决于喷灌系统对喷洒压力和水量的要求。园林绿地一般有城市电网供电,可选用电动机为动力。无电源处可选用汽油机、柴油机作动力
管路系统	输送压力水至喷洒装置。管道系统应能够承受系统的压力和通过需要的流量。管路系统除管道外,还包括一定数量的弯头、三通、旁通、闸阀、逆止阀、接头、堵头等附件
喷头	把具有压力的集中水流分散成细小水滴,并均匀地喷洒到地面或植物上的一种喷灌专用设备
控制系统	在自动化喷灌系统中,按预先编制的控制程序和植物需水量要求的参数自动控制水泵启、闭和自动按-定的轮灌顺序进行喷灌所设置的一套控制装置

(三)喷灌系统的使用★★

喷头的选择	根据灌溉面积大小、土质、地形、植物种类、不同生长期的需水量等因素合理选择。播种和幼嫩植物选用细小水滴的低压喷头;一般植物,可选用水滴较粗的中、高压喷头。黏性土和山坡地,选用喷灌强度低的喷头;沙质地和平坦地,选用喷灌强度高的喷头。此外,根据喷洒方式的要求不同,可选用扇形或圆形喷洒的喷头
喷头的配置	喷灌系统多采用定点喷灌,可以是全园喷洒,也可以扇形喷洒。喷头配置的原则:保证喷洒不留空白,并有较好的均匀度

三、微灌系统的配置

(一)微灌系统的优缺点★★★

优点	①仅湿润栽培植物根部,附近不易生长杂草; ②管网输水,操作方便,便于实现自动控制; ③能结合施肥,省工省时; ④对土壤和地的适应能力较强
缺点	①灌水器出水口较小,易堵塞,对水质要求较高,必须经过严格过滤; ②投资较大

(二)微灌的种类★★★★★

种类	特征
滴灌	利用安装在毛管(末级管道)上的滴头、滴灌带等灌水器,将压力水以滴状,频繁、均匀而缓慢地滴入植物根区附近土壤的微灌技术
微喷灌	利用安装在毛管上的微喷头,将压力水均匀而缓慢地喷洒在根系周围的土壤上;也可将微喷头安装在栽培设施内的屋面下,组成微喷降温系统,增加空气湿度,改善田间小气候
涌泉灌 (小管出流灌)	利用涌水器或小管灌水器将末级管道中的压力水以涌泉或小股水流的形式灌溉土地的一种灌水方法
渗灌 (地下灌)	目前节水灌溉中较理想的一种,它将低压水通过埋在地下的透水管,经管壁微孔往外渗,湿透土壤,再借助土壤的毛细管作用,将水分和养分扩散到周围,供农作物根系吸收利用

(三)微灌系统的组成★★★

种类	组成及功用
水源工程	水源工程:引水、蓄水和提水工程,以及相应的输配电工程; 水源:河流、湖泊、塘堰、沟渠、井泉等

续表

种类	组成及功用
首部枢纽	包括水泵、动力机、肥料及化学药品注入设备、水质净化装置,以及各种控制、调节量测设备和安全装置等
输配水管网	由干、支、毛管等3~4级管道组成,其中干、支管道担负着输水和配水的任务,毛管为末级灌水管道
灌水器	是微灌系统的执行部件,将压力水用滴灌、微喷、渗灌等不同方式均匀而稳定地灌溉到植物根系附近的土壤中

四、草坪修剪机的操作★★★★

操作项目	操作要点
作业前	①按照草坪养护的1/3法则,选择合适的剪草高度。 ②根据需要装上集草袋或出草口
运行速度	①手推式人为控制推进速度。 ②自走式以恒定速度向前推进
转弯操作	①手推式应两手将手推把向下按,使前轮离地再转弯。 ②自走式先松开离合器,然后将手推把向下按,使前轮离地再转弯

五、园林机具的日常维护与技术保养

(一)园林机具的日常维护★★★

维护项目	操作要点
在日常工作时	要经常注意机油压力的高低,各接头处有无漏油现象
每班作业结束后	清除污泥和缠草,检查各零件的紧固情况,松动的应及时拧紧
每季作业结束后	①应彻底清洗,在各润滑点加注润滑油(脂)。 ②在机组工作部件上涂上防锈油或废机油以防生锈
长期不用时	①应将机具停放在机具棚库内或地势较高的场地上。 ②露天存放时,最好盖上防雨物品。 ③对以二冲程汽油机为动力机的机具,将油箱的混合油倒出,然后启动,直到燃油燃尽后自行熄火,再长期保存

(二)园林机具的技术保养★★★

保养项目	操作要点
定期更换润滑油	机具每工作一段时间,必须更换润滑油

续表

保养项目	操作要点
定期清洗或更换润滑油滤清器或滤芯	机具每工作一段时间,必须清洗或更换滑润油滤清器或滤芯。该项工作与润滑油的更换同步进行
定期清洗或更换空气滤清器滤芯	机具每工作一段时间后,要检查空气滤清器的清洁情况,并适时清洗或更换
检查各零件的磨损情况	磨损超限的、损坏的都要进行修复或更换
检查工作部件的锋利度和平衡度	磨钝的要及时进行刃磨,不平衡的要及时修正
定期检查一些技术参数是否符合要求	如传动皮带的松紧度。绿篱修剪机动定刀片间的间隙、油锯锯链的张紧度等,对不符合要求的需及时进行调整

真题演练

一、单项选择题

1.(2018 年)下列属于园林养护机具的是(　　)。
　　A. 旋耕机　　　　　B. 绿篱修剪机　　　　C. 挖掘机　　　　　D. 推土机

2.(2018 年)以小股水流的形式灌溉土壤的灌水方法称为(　　)。
　　A. 滴灌　　　　　　B. 微喷灌　　　　　　C. 涌泉灌　　　　　D. 渗灌

3.(2019 年)下列属于园林植保机具的是(　　)。
　　A. 旋耕机　　　　　B. 起苗机　　　　　　C. 播种机　　　　　D. 喷雾机

4.(2019 年)草坪修剪机的剪草高度应遵循(　　)。
　　A.1/2 法则　　　　B.1/3 法则　　　　　C.1/4 法则　　　　D.1/5 法则

5.(2020 年)播种机属于(　　)。
　　A. 整地机具　　　　B. 养护机具　　　　　C. 建植机具　　　　D. 灌溉机具

6.(2020 年)下列不能用于微灌的水源是(　　)。
　　A. 污水　　　　　　B. 河水　　　　　　　C. 井水　　　　　　D. 湖水

7.(2021 年)下列属于整地机具的是(　　)。
　　A. 起苗机　　　　　B. 喷雾机　　　　　　C. 旋耕机　　　　　D. 打孔机

8.(2021 年)下列不属于喷灌系统的是(　　)。
　　A. 水泵　　　　　　B. 风扇　　　　　　　C. 喷头　　　　　　D. 水源

二、判断题

1.(2018 年)自走式草坪修剪机工作时以恒定速度向前推进。　　　　　　　　　　(　　)

2.(2018 年)园林机具应定期清洗或更换滤芯。　　　　　　　　　　　　　　　　(　　)

3.(2019 年)园林机具长期不用时,应存放在库棚。　　　　　　　　　　　　　　(　　)

4. (2019 年)手推式草坪修剪机可以人为控制推进速度。　　　　　　　　（　　）

5. (2020 年)现代喷灌系统可以实现自动化作业。　　　　　　　　　　　（　　）

6. (2020 年)园林机具应定期更换润滑油。　　　　　　　　　　　　　　（　　）

7. (2021 年)微灌系统可用于温室灌溉。　　　　　　　　　　　　　　　（　　）

8. (2021 年)内燃机是园林机具的"心脏",大修后应进行磨合。　　　　　（　　）

习题练习

一、单项选择题

1. 下列属于园林养护机具的是（　　　）。
   A. 植树机　　　　　　B. 起苗机　　　　　　C. 挖掘机　　　　　　D. 修剪机

2. 下列属于园林建植机具的是（　　　）。
   A. 旋耕机　　　　　　B. 起苗机　　　　　　C. 修剪机　　　　　　D. 喷雾机

3. 下列属于园林植保机具的是（　　　）。
   A. 推土机　　　　　　B. 播种机　　　　　　C. 打孔机　　　　　　D. 喷雾机

4. 下列不属于园林整地机具的是（　　　）。
   A. 推土机　　　　　　B. 挖掘机　　　　　　C. 起苗机　　　　　　D. 旋耕机

5. 将压力水以滴状,频繁、均匀而缓慢地滴入植物根区附近土壤的方法称为（　　　）。
   A. 滴灌　　　　　　　B. 微喷准　　　　　　C. 涌泉灌　　　　　　D. 渗灌

6. 以小股水流的形式灌溉土壤的灌水方法称为（　　　）。
   A. 滴灌　　　　　　　B. 涌泉灌　　　　　　C. 微喷灌　　　　　　D. 渗灌

7. 下列不属于喷灌系统的是（　　　）。
   A. 水泵与动力机　　　B. 喷头　　　　　　　C. 风扇　　　　　　　D. 水源

8. 播种机属于（　　　）。
   A. 整地机具　　　　　B. 养护机具　　　　　C. 灌溉机具　　　　　D. 建植机具

二、判断题

1. 园林机具每班作业后,应彻底清洗干净,并涂上防锈油。　　　　　　　（　　）

2. 喷灌系统的布置主要考虑喷头的选择、配置、安装以及管网的布置等。（　　）

3. 喷头是喷灌系统的核心部件。　　　　　　　　　　　　　　　　　　（　　）

4. 手推式草坪修剪机转弯时,应两手将手把向下按,使前轮离地再转弯。（　　）

5. 园林机具应定期检查一些技术参数是否符合要求。　　　　　　　　　（　　）

6. 草坪修剪机的剪草高度应遵循 1/3 法则,选择合适的剪草高度。　　　（　　）

7. 机具每工作一段时间,必须清洗或更换滑润油滤清器或滤芯。　　　　（　　）

8. 喷灌系统按管道可移动的程度,分为固定式、半固定式和移动式三类。（　　）

9. 喷灌系统使用过程中,播种和幼嫩植物选用细小水滴的低压喷头。　　（　　）

第二单元　园林植物栽培技术

考点分析

1. 掌握园林植物露地栽培技术。
2. 了解园林植物栽培设施,掌握园林植物设施栽培技术。
3. 掌握园林植物容器栽培技术。
4. 掌握无土栽培的优点和缺点。
5. 掌握无土栽培的类型和方法。
6. 了解无土栽培的设施与设备。
7. 理解无土栽培基质与营养液管理。

题型与分值

题型	2016 年	2017 年	2018 年	2019 年	2020 年	2021 年
单项选择题	4 分	6 分	18 分	15 分	15 分	15 分
判断题	4 分	8 分	15 分	15 分	15 分	15 分
简答题	5 分	5 分	9 分	10 分	9 分	9 分

相关知识

一、园林植物露地栽培技术

（一）准备工作★★

项目	任务	特征
场地准备	地形准备	①场地平整:按照竖向设计图进行地形平整。 ②现场清理:清除障碍物、建筑垃圾等。 ③疏通工作:道路与水渠的沟通
	土壤准备 （土壤改良）	①黏性过重:在土壤中掺入沙土或适量的腐殖质。 ②土壤偏酸:施用石灰、草木灰等碱性物质。 ③土壤偏碱:施用酸性肥料、硫磺、明矾等释酸物质。 ④土壤贫瘠:在栽植土中拌入一定比例的腐熟有机肥。 ⑤土壤不适:若完全不适合植物生长,则需更换土壤

续表

项目	任务	特征
场地准备	定点放线	以路牙或道路中轴线为依据,划出栽植范围。要求两侧对仗整齐,树冠长大后植株间互不干扰。
	挖掘树穴	①形状:乔、灌木类以圆、方形为主,绿篱为条状。 ②大小:树穴应大于拟栽植园林植物土球的体积。 ③深浅:根据地下水位高低而定。 水位高→浅穴、堆堰;坡顶、易旱区域→深穴、围堰
起苗准备	苗木准备	应根据施工图纸上的苗木种类、数量和规格要求,就近选择苗木供应商,尽量做到当天挖,当天运,当天栽。 苗木来源: ①当地苗圃苗。适应当地气候,栽后易成活,应首选。 ②野外搜集或山地苗。根系长而稀,须根少,经苗圃培育3年以上,适应当地环境和生长发育正常后可选用。 ③容器苗。挖苗、运输对根系损伤小,根系相对完整,无须修剪。 ④外地苗木:应经法定植物检疫机构检验,签发检疫合格证书后,方可应用。 苗龄: ①幼年苗木。根系分布小,挖掘时损伤小,伤口愈合快,成活率高。但体量小,限制了初期的绿化、美化效果。 ②壮龄苗木。体量大,根系分布深、广,挖掘、包裹、运输、施工、养护的成本高,但绿化效果发挥快。 ③老龄树木。机能衰退,愈合能力下降,虽观赏价值高,但移栽成活困难,增加施工成本且浪费原在地资源
	人员准备	参与挖苗的人员,应具有相关的土壤、植物以及气象等方面的常识和确定土球规格、操作挖苗工具、实施土球包扎等技能
	工具准备	①起苗:需要特定的工具与机械,应配齐配足。 ②土球包扎:圆形土球多用草绳、蒲包片等软材料包扎,方形土球多用特制的木箱等硬材料包扎。 ③运输:大规格苗木多用卡车运输,并配备吊车装卸

(二)起苗★★★★★

1. 带土球起苗

一般常绿树、名贵树和花灌木的起苗要带土球。

步骤	操作要点
(1)确定土球大小	土球直径:苗木胸径的6~8倍,条件允许可扩大到10~12倍。 土球高度:土球直径的2/3

续表

步骤	操作要点
（2）挖掘	①挖前浇水：防止土球松散，提前 1～2 天浇透水，增加黏结力。 ②确定直径：以树干为中心，按比土球直径大 3～5 cm 画一圆圈。 ③去除表土：铲除圈内 5～10 cm 的表土层，称为"去宝盖"。 ④挖操作沟：沿圈外挖宽约 70 cm 的操作沟。 ⑤确定高度：按略大于土球直径的 2/3 确定土球的高度。 ⑥土球修整：土球初步成形后进行削圆处理，将土球修整光滑。 ⑦根系处理：细根用铁锹斩断，直径 3 cm 以上粗根用手锯断根
（3）根部处理	为防止根系伤口感染病菌，用防腐剂对较粗根系的伤口进行杀菌消毒。同时，喷洒生根剂以激活根髓组织的活力，促进伤口愈合
（4）土球包扎	包扎目的：防止土球破裂、根系保湿。 包扎材料：圆形土球多用清水浸湿的草绳、蒲包片、麻袋片等软材料包扎，方形土球多用特制的木箱等硬材料包扎。 包扎方法：圆形土球软材包扎常用橘络形、井字形和五星形
（5）修剪	树体水分平衡是栽植成活的关键。为减少地上部分的水分散失，常对树木的枝叶进行修剪。先确定苗木株高，然后剪除树冠内瘦弱枝、枯死枝和多余枝条，树冠外围一般不修剪，最好全冠移植。

2. 裸根起苗

裸根起苗适用于休眠期的落叶乔、灌木以及易成活的乡土树种。

项目	任务	操作要点
准备工作	季节选择	最好春季根系活动、枝条萌芽前。 乡土树种可秋季起苗
	灌水	土壤过干→浇透水。 土壤过湿→排水
	捆拢	对于冠丛松散的灌木，特别是带刺的灌木（如花椒、玫瑰、黄刺玫等）应先用绳索将树冠收拢
	试掘	对不明生长状况的苗木，在正式起苗之前，应先试挖掘几株，以保证所挖掘苗木带有适宜的根系
挖掘	确定根系幅度	落叶乔木：胸径的 8～10 倍。 落叶灌木：苗木高度的 1/3 左右
	起苗	①从离根部 15 cm 左右四周垂直挖掘，深度 25 cm 左右。 ②侧根全部挖断后再向内掏底。 ③将下部根系铲断，留适量护心土。 ④较粗的树根用锯截断，保证不劈不裂，尽量多保留须根
	分级与修剪	按不同规格进行分级，并用修枝剪剪去过长或受机械损伤的根系
	包装	如需长途运输，应对根系作保湿处理，如沾泥浆、沾保水剂等，也可用湿麻袋片、塑料膜等进行包裹保湿。树干则用草绳缠绕包裹

(三)运输★★

1. 带土球苗的运输

步骤	操作要点
(1)运输前处理	①核对苗木。仔细核对苗木的品种、规格、数量、质量等。 ②确定起吊位置。根据土球和树冠大小选准起吊部位,即找到树木的重心,以保证吊装时树干竖立并呈一定角度的偏斜。 ③对着力部位进行处理。在根颈和树干的起吊位置,分别缠绕包裹宽60~70 cm、厚3~4层的草绳,以防止树干在吊装时破损
(2)装车	①用吊装绳索套牢根颈和树干上的草绳保护圈将其平稳吊起。 ②在车厢板垫上湿沙袋或草绳卷等软物,防止运输途中土球损坏。 ③用软物将树体垫高,不让树干与车厢板、树冠与地面接触。 ④用绳索将土球和树干固定在车厢内,以确保树木不移动。 ⑤用绳索内拉枝条,减少枝叶接触面,防止水分散失和便于运输。 ⑥装车时,土球朝前(车辆行进方向),树冠朝后,避免逆风折断
(3)运输	①防止土球破损。 ②树枝折断。 ③防止苗木水分散失。措施有: a. 在车厢上搭建遮阳棚(网); b. 在土球表面覆盖保湿物(如湿麻袋); c. 对树体喷洒蒸腾抑制剂; d. 选择在傍晚或阴天运输

2. 裸根苗的运输

步骤	操作要点
(1)运输前处理	①核对苗木。仔细核对苗木的品种、规格、数量、质量等。 ②对根部做好保湿处理。规格较小的裸根苗木远途运输时可采用卷包处理,即将枝梢向外,根部向内,互相错行重叠摆放,以蒲包片或草席等为包装材料,再用湿润的苔藓或锯末填充苗木根部空隙。 ③系上标签。卷包标签上注明树种、数量、发运地点和收货单位等。 ④起运。将苗木卷起捆好后,再用冷水浸渍卷包,然后起运
(2)装车	①苗木枝干与车厢板接触部位应铺垫蒲包等物,以防碰伤树皮。 ②装车不要超高,堆压不要太紧。 ③树梢不得拖地,必要时要用绳子围拢捆扎。 ④装运乔木时,树根朝前,树梢向后;灌木可直立排列。 ⑤树根部位用湿布遮盖、拢好,减少根部失水
(3)运输	①定时对苗木根部喷水,并用苫布覆盖车厢。 ②远距离、大规格裸根苗或小规格珍贵裸根苗,用集装箱运输

(四)栽植★★★

1.带土球苗的栽植

步骤	操作要点
(1)卸车	①按品种分开卸车,从上往下拿取,不能乱抽,更不能整车推下。 ②用吊车吊取时,要力争一次吊卸到位,避免反复多次吊运
(2)验苗	校验苗木的品种、规格、质量和数量。 乔木校验项目:土球的规格、完好程度;枝干树皮完好情况;苗木干茎、高度、冠幅、树型是否符合图纸要求。 灌木校验项目:高度、分枝和冠幅
(3)散苗	根据栽植施工图上苗木品种、规格要求,将苗木运到指定的树穴或划定的栽植范围附近
(4)栽植	①解除包扎材料。在栽植穴定位后,及时解除草绳等包扎材料清理出栽植穴。 ②填土。往土球底部铲入土壤,以充实土球底部与栽植穴之间的空隙,每填土20～30 cm,用木棍等将土壤适度捣实。 注:①栽植时,将树冠丰满完好的一面朝向主要的观赏方向。 ②若树冠高低不匀,将低冠面朝向主面,高冠面置于后向

2.裸根苗的栽植

步骤	操作要点
(1)卸车	按品种分开卸车,从上往下顺序拿取,不能乱抽,更不能整车推下
(2)验苗	校验苗木的品种、规格、质量和数量。 乔木校验项目:土球的规格、完好程度;枝干树皮完好情况;苗木干茎、高度、冠幅、树型是否符合图纸要求。 灌木校验项目:高度、分枝和冠幅
(3)散苗	根据栽植施工图上苗木品种、规格要求,将苗木运到指定的树穴或划定的栽植范围附近
(4)栽植	将苗放入栽植穴中扶直,填入质量合格的土壤。填土到栽植穴的一半高度时,用手将苗木轻轻往上提起,使根颈部分与地面相平,让根系在土中自然舒展,然后用脚踏实土壤。继续填土至填满,再踏实或夯实一次

(五)栽后养护★★★

项目	操作要点
(1)筑围堰	围堰高度:10～30 cm。干旱地区→高一点,多雨地区→低一些。 注:①无论哪个地区,都不能将栽植穴堆成馒头状。 ②围堰的内径要大于树穴直径
(2)苗木固定	带土球苗木,常用三角支撑法、球门支撑法固定。三角支撑最有利于树体固定,球门支撑适用于树干高度中等或靠近道路的行道树

续表

项目	操作要点
(3)浇定根水	栽植完毕后,在围堰内浇透第一次定根水(新植苗木让土壤湿润即可)。间隔 2 ~ 3 天后浇第二次定根水,隔一周后浇第三次定根水。以后遵循"干透浇透"的原则
(4)土壤通气	及时中耕松土,可以防止土壤板结,增加土壤透气性。有条件的最好在大规格苗木栽植穴周围设置 3 ~ 4 根通气管
(5)施肥	苗木移植初期,根系因植伤而吸收能力下降,不宜进行土壤施肥,可采用叶面施肥和输营养液。 ①叶面施肥。栽后 15 ~ 20 天用低浓度(0.1% ~ 0.3%)速效肥料喷洒于叶片的背面。 ②输营养液。通过挂营养液吊袋或插营养液瓶,给大树补充生长所需的养分、水分。发生新根后,可进行土壤施肥。施肥应遵循"薄肥勤施"的原则
(6)保湿降温	①树干保湿。可用蒲包片、麻袋片、草绳、苔藓等软材料将树干包裹至一级主枝。 ②树冠保湿。树冠是蒸腾失水的主体。移植前→适度修剪,移植后→喷雾保湿。 ③搭棚遮阴。生长季节移植,还应搭建遮阴棚
(7)雨后检查	树体晃动→填土捣实;泥土下沉→覆土填充;积水→开沟排涝
(8)防冻	①入秋后控制氮肥、水分供应,增施磷钾肥。 ②通过营养输液法输入含有糖分的多种营养物质。 ③逐步拆除荫棚,延长光照时间,提高光照强度,增强抗寒能力。 ④在寒潮来临前,采取覆土、裹干、设立风障等,做好保温工作。 ⑤在落叶前、休眠前、霜冻前后使用抗冻剂,提高抗冻能力

二、园林植物设施栽培技术

(一)对设施栽培的认识★★★★

(1)设施栽培概念	设施栽培是在人工设施的保护下进行的栽培方式,可在一定程度上对小气候进行调节,使之最大限度地满足园林植物生长的需要
(2)设施类型	主要有温室、塑料大棚、荫棚、冷床、温床、冷窖,以及其他辅助设施、设备等
(3)设施栽培优点	①克服因季节和气候对观赏植物生产限制,可实现周年生产。 ②可依据市场的需要,安排观赏植物的开花或供应时间。 ③为无土栽培、组织培养等新技术提供设施基础。 ④培育的植物产品产量和质量高且稳定,单位面积的收益高
(4)设施栽培缺点	①一次性投入大。 ②生产过程中消耗能源多。 ③对管理和生产技术要求高

（二）设施栽培措施及其特点★★★

1. 塑料大棚类型及其特点

分类依据	类型	特点
按骨架材料	镀锌钢管塑料大棚	骨架材料遮光少,透光性好。拱架拆装方便,结构牢固,使用年限长,但一次性投资较大
	竹木结构塑料大棚	结构简单,就地取材,造价低廉,但骨架材料遮光多,使用寿命短,维护成本高
按结构形式	单栋塑料大棚	可以单一植物种植,减少病虫害的对外传播,但土地利用率低,加热成本提高,人工劳动量增加
	连栋塑料大棚	覆盖面积大,土地利用率高,棚温稳定,但通风降温、降湿的效果不如单栋大棚
按棚顶形状	半圆拱形	施工简单,造价低,棚内光照好,通风方便,但棚边空间小,栽培管理不便
	屋脊形	透光排水良好,但建造施工比较复杂,屋脊及两肩部位突出,容易损坏薄膜

注:①不论哪一种形式的大棚,一般按南北长、东西宽的方向设置,出入门留在南侧。
②在生产实际中,为了提高大棚的保温性能,常采用"棚套棚"或多层覆盖

2. 温室类型及其特点

分类依据	类型	特点
按屋面形式	单屋面温室	①呈东西向延伸,仅有一个向南倾斜的透光屋面。②日光温室是最为常见的单屋面温室。③透光面积大,光照时间长,能较好地利用光热资源。④保温性能好,是北方地区最常用的保温栽培设施。⑤光线只从南面透入,植物因趋光性南倾,需经常转盆
	双屋面温室	①多南北向延伸,有东西两个相等的屋面。②光照较均匀,室内植物没有向南倾弯的现象。③温室面积较大,受室外气温变化影响小,环境稳定。④存在自然通风、降温、降湿效果不良等问题。⑤因透光屋面面积大,散热快,需要完善的加温设备
	圆拱形屋面温室	①温室多南北向延伸。②覆盖材料为塑料薄膜或阳光板。③温室性能与双屋面温室相近

续表

分类依据	类型	特点
按结构形式	单栋温室	①结构简单,积雪能自动滑落,不会对屋面形成压力。 ②设有侧窗通风时,夏季通风降温效果好。 ③单栋温室群占地面积大,室内温度、湿度均匀性差
	连栋温室	①由面积和结构相同的双屋面或圆拱形温室连接而成。 ②连栋温室的面积可以达数公顷。 ③室内环境稳定而均匀。 ④通过对温度、湿度等的调节,可实现周年生产
按透光屋面覆盖材料	塑料薄膜温室	优点:造价经济,安装结构简单,施工速度快。 缺点:薄膜寿命短,几年后需更换膜材料,抗风雪能力差
	阳光板温室	优点:自动化程度高、保温性能好,抗风雪能力强。 缺点:塑料材质,使用寿命不长
	玻璃温室	优点:透光性能好、使用寿命长、透光率不衰减。 缺点:前期投资大,越冬生产能耗高一些
按智慧化程度	现代化温室	这类温室设有对温度、湿度、光照、二氧化碳、肥料、农药等因子的检测和调控装置,可实现对温室内环境因子的自动检测和调节,是现代化生产的必备栽培设施

3.温室附属设施

设施类别	简介
(1)加温设施	①热水加温;②蒸汽加温;③热风加温;④烟道加温
(2)保温设施 (最主要的栽培设施)	①白天尽可能让阳光进入温室; ②采取必要的加温手段; ③减少夜间散热; ④覆盖,增强保温性能。 室外覆盖:常用蒲帘、苇帘、草帘等保温帘。 室内覆盖:常用保温膜、无纺布或塑料薄膜
(3)补光与遮阳设施	补光设施:①温室内涂白;②地面铺反光膜;③人工光源等。 遮阳设施:遮阳网覆盖
(4)降温设施	①自然通风与遮阳降温系统。造价低廉,使用便捷,节省能源,但影响降温效果的因素多。 ②排风扇与水帘通风降温系统。连续降温效果较好,但温室内不同区域的温度不相同。 ③微雾降温系统。降温快,均衡性好,但易造成湿度过大,不适于连续运行

续表

设施类别	简介
（5）计算机控制系统	①单因子控制。只控制某一环境要素,存在明显的局限性。 ②多因子综合控制
（6）灌溉与施肥设施	①微灌系统:滴灌、微喷灌、渗灌、雾灌等。 ②温室自动灌溉:新型滴灌、喷水装置、毛细管吸水装置等。 ③自动施肥装置:自压式、压入式、压差式
（7）植物台和栽培床	①植物台,是放置盆栽植物的台架,有平台和级台两种形式。 ②栽培床,是用于地栽园林植物的设施,分为地床和高床两种

（三）设施栽培技术★★★★

1．园林植物的选择

选择依据	选择要点
（1）适情选择	①选择的植物种类适于在当地设施内生长发育,能达到应有的产量和商品品质。 ②尽可能减少因加温、降温而消耗能源,最大限度地降低生产成本
（2）需求选择	①选择市场容量大的种类或品种。 ②选择有特色的种类或品种。 ③选择适宜规模生产的种类或品种。 ④选择反季节生产性能好的种类。 ⑤选择优良品种

2．设施地栽技术

园林植物设施栽培中,为充分利用保护地面积,降低栽培管理成本,常采用地栽方式。

影响地栽因素	要点简介
（1）栽植方法	①平畦栽植:在设施地面上不做垄沟,直接在畦面上栽植。 ②垄沟栽植:按行距做垄沟。怕积水→植垄上,喜湿→植沟内。 ③栽培槽栽植:建立栽培槽,槽内填放栽培基质,植物栽植于栽培槽内
（2）栽植密度	①温室内温度、光照较为理想,可适当增加密度,反之则反。 ②株型紧凑的种类或品种,可适当增加密度,反之则反。 ③耐阴的种类或品种可适当增加密度,反之则反。 ④培育较大规格产品,栽培时间长,栽植密度要降低,反之则反。 ⑤夏季光照充足,可适当密植;冬季光照弱,则应适当降低密度

3．设施盆栽技术

为加快设施内栽培植物的周转速度和出入方便,多用盆栽(容器栽培)。

操作类别	操作要点
(1)上盆	将植株栽植于容器中的过程称为"上盆"。 详见知识点"三、园林植物容器栽培技术"
(2)排盆(室内摆放)	①喜光植物应摆放在光线充足的前、中部,摆放密度应小一些。 ②中性、阴性植物应分别排放在半阴和荫蔽处,并可适当加大密度。 ③植株矮的摆放在前,植株高的摆放在后,以防相互遮光。 ④喜温植物放于近热源处,较耐寒的置于近门或侧窗处。 ⑤排放要整齐、美观、密度合理,中间留出步道,便于操作管理
(3)转盆	转盆就是将盆原地转动一定角度,以防止植物因趋光性而偏冠生长。 ①一般每隔 20~40 天转盆一次,每次转盆角度为 45°左右。 ②双屋面南北走向的温室或大棚,光线射入均匀,一般不用转盆
(4)倒盆	倒盆就是相隔一段时间将盆栽植物搬动位置。 一是使不同植物和不同生长发育阶段得到适宜的光、温和通气; 二是随植株的长大,调节盆间距离,使盆栽植物生长健壮均匀
(5)扦盆(松盆)	扦盆就是用竹片、小铁耙等工具疏松盆面营养土,同时清除表面杂草、青苔等物
(6)换盆/翻盆	换盆是把植株从较小的容器中取出,转入较大的容器中栽植。如果只更换部分原栽培基质而不换容器,称为翻盆
(7)出入设施	盆栽植物出室前需经过一定时间的锻炼,包括降温、通风和减少浇水等。盆栽植物入室的锻炼次序和条件则与出室相反
(8)室外摆放	室外越夏栽培养护最常用的是荫棚。喜阴植物应放在荫棚的中间;半阴植物应放在荫棚边缘;喜光植物则直接放在阳光充足的场地

三、园林植物容器栽培技术

(一)容器栽培的优缺点★★

优点	①可以根据植物生长状况,随时调节生长空间。 ②便于机械化、集约化生产。 ③容器苗木根系完整,移植前一般不需重度修剪,移栽成活率高。 ④能克服季节对移植时间的限制,实现苗木周年供应。 ⑤节省挖苗、包装等工序,便于运输。 ⑥有利于园林绿化工程的反季节施工,加快了环境绿化美化进程。 ⑦容器苗适用的土地类型广泛,降低了用地成本。 ⑧园林苗木品质优良,观赏功能和生态功能都明显优于地栽植物
缺点	①初期投资相对较大。 ②对栽培技术要求精细。 ③对生产者的技术要求较高

（二）容器的种类★★★★

1. 栽培容器的种类

类别	简介
瓦盆（素烧盆）	用黏土800~900 ℃高温烧制而成，价格低廉。 质地粗糙，通气、排水性能良好，适合植物的生长。但保水性差，盆土水分蒸发快，易干燥。 A. 北方冬季寒冷，瓦盆不宜露天放置。 B. 新瓦盆使用前，必须先经清水浸泡
釉盆（陶盆）	用陶土制坯、挂釉、高温烧制而成，价格较贵。 透水、透气性不如瓦盆，适宜于做套盆装饰用
塑料盆	用聚氯乙烯按一定模型制成，价格低廉。 通气性差，保水性好，水分散失慢，易造成盆土含水量过高。栽培兰花等根系需氧较多的植物，需在盆下部垫放通气性、排水性良好的基质。盆内外光洁、轻巧，洗涤方便，不易破碎，适宜远途运输
木盆（桶）	用材质坚硬、不易腐烂的木板制作而成，外部刷油漆，底部设排水孔。 用于栽植大型园林植物，供会场、厅堂或广场、街道摆放
吊盆	利用麻绳、尼龙绳、金属链等将花盆悬挂起来，用于室内外装饰。 适合于做吊盆的有塑料花盆、竹筒、藤制的吊篮等
水养盆	专用于水生植物盆栽的容器。盆底无排水孔，盆面阔而浅。 栽培水草等沉水植物，多采用较大的玻璃槽
兰花盆	兰花盆是专用于兰花及附生蕨类植物盆栽的容器，盆壁有孔洞，以便空气流通。 也可用木、藤条制作的筐、篮代替兰花盆
盆景用盆	常为陶盆、紫砂盆或大理石盆，用料讲究，做工精细。价格较贵。 树桩盆景用盆，盆底有泄水孔。山水盆景用盆为没有泄水孔的浅盆
纸盆	供培育幼苗专用，特别用于不耐移植的种类，如香豌豆、矢车菊等。先在温室内用纸盆育苗，然后露地栽植
注：栽植容器的选择应重点考虑：①容器规格；②容器排水状况；③容器颜色；④经济成本；⑤观赏效果	

2. 育苗容器的种类

类别	简介
穴盘	按制造材料的不同通常分为聚苯泡沫穴盘和塑料注塑穴盘。 穴盘适用于机械化育苗
育苗钵	培育幼苗用的钵状容器，目前有塑料育苗钵和有机质育苗钵两种。 有机质育苗钵疏松透气，易于降解，可与苗同时栽中入土
育苗筒	圆形无底的容器，规格多样，有塑料质和纸质两种。 育苗筒底部与床土相连，通气透水性好，但根容易扎入苗床中

(三)容器的栽培基质★★★

1.容器栽培对基质的要求

(1)性状优良	①要疏松、透气,以满足根系呼吸的需要。 ②水分的渗透性能良好,不积水。 ③能固持水分和养分,不断供应植物生长发育的需要。 ④酸碱度适宜或易于调节
(2)清洁卫生	不含有害微生物和其他有害物质,特别是草籽和虫卵
(3)性价比高	①能满足植物生长的需要。 ②取材方便,能批量生产供应

2.容器栽培基质的种类

种类	制备	特性
堆肥土	残落枝叶、青草、干枯植物或有机废物与园土分层堆积、发酵腐熟而成	含较丰富的腐殖质和矿物质,pH值4.6～7.4;原料易得,但制备时间长
腐叶土	用阔叶树的落叶、厩肥或人粪尿与园土分层堆积发酵而成	土质疏松,营养丰富,腐殖质含量高,pH值4.6～5.2,是最广泛使用的培养土,适用于栽培多种花卉
针叶土	由松、柏针叶树落叶或苔藓类植物堆积腐熟而成	强酸性土壤,pH值3.5～4.0;腐殖质含量高,适于栽培酸性植物,如杜鹃花等
泥炭土	取自山林苔藓长期生长经炭化的土壤	褐色泥炭:富含腐殖质,pH值6.0～6.5,具防腐作用,宜加河沙后作扦插床 黑色泥炭:矿物质含量丰富,有机质含量较少,pH值6.5～7.4
河沙	取自河床或沙地	养分含量低,但通气性和透水性好,pH值7.0左右
腐熟木屑	由锯末或碎木屑腐熟而成	有机质含量高,持肥、持水性好,可取自木材加工厂的废弃料
蛭石、膨化珍珠岩	有商品供应	几乎无营养,保水、保肥性好,卫生洁净
煤渣	煤渣	煤渣含矿质,通透性好,卫生洁净
田园土	菜园、花园的表层土经冬季冻融后,再经粉碎、过筛而成	土质疏松,养分丰富
黄心土	取自山地离地表70 cm以下的土层	一般呈微酸性,土质较黏,保水保肥力强,腐殖质含量低,营养贫乏,无病菌、虫卵、草籽
塘泥	取自池塘,经干燥、冻融后粉碎、过筛	含有机质多,营养丰富,一般呈微碱性或中性,排水性良好

续表

种类	制备	特性
陶泥	由黏土制粒,再经高温烧制而成	颗粒状,大小均匀;具适宜的持水量和阳离子代换量;能有效地改善土壤的通气条件;无病菌、虫卵、草籽;无养分

(四)园林植物容器栽培技术★★★★★

操作类别			操作要点
(1)上盆			将植株栽植于容器中的过程称为上盆。 a.用碎盆片、窗纱等物覆盖于盆底泄水孔上。 b.填入一层粗粒培养土或碎瓦片、煤渣、沙砾等,构成排水层(育苗筒做容器或大型容器栽培大苗时,一般不填排水层)。 c.再填基质至容器高度的一半左右,将苗放于盆口中央深浅适当的位置,填基质于苗的四周,用手指或木棍等自盆边向中心压紧、压实。 d.基质面应低于盆口1.5 cm左右,称为"留沿口",以利于浇水、施肥。 e.如植株体量较大,根系冗长,应先修剪后栽植。 f.栽植完毕后应立即浇水。头水要灌足,连浇两次,每次待水从泄水孔中流出时停止浇水
(2)排盆			a.喜光植物应摆放在光线充足的前、中部,摆放密度应小一些。 b.中性、阴性植物应分别排放在半阴和荫蔽处,并可适当加大密度。 c.植株矮的摆放在前,植株高的摆放在后,以防相互遮光。 d.喜温植物放于近热源处,较耐寒的置于近门或侧窗处。 e.排放要整齐、美观、密度合理,中间留出步道,便于操作管理
(3)栽后管理	①施肥	基肥	在上盆或换盆时常施以基肥。常用基肥主要有饼肥、牛粪、鸡粪等。基肥施入量不应超过盆土总量的20%
		追肥	a.浇灌:将肥料溶于水,用喷壶将肥液直接浇入盆土中。 b.滴灌:将无机肥料溶解于水中,通过滴管等形式施入盆土。 c.穴施:在靠近容器壁的基质中打孔,将颗粒肥放入其中。 d.叶面追肥:将无机肥料或微量元素低浓度溶解于水,喷洒于植株叶片背面。化肥的施用不超过0.3%,微量元素不超过0.05%
	②浇水	原则	"不干不浇、浇则浇透、透而不漏",避免"半截水"
		根据植物特性浇水	a.蕨类植物等喜湿植物要多浇,仙人掌类等旱生植物要少浇。 b.大岩桐、蒲包花、秋海棠的叶片淋水后容易腐烂,仙客来球茎顶部叶芽、非洲菊的花芽等淋水后会腐烂而枯萎

操作类别			操作要点
（3）栽后管理	②浇水	根据植物不同的生育阶段浇水	a.种子发芽时需水迫切，对缺水敏感，但需水量相对较少。 b.幼苗期需水逐渐增多，根系入土尚浅，需小水勤浇。 c.生长旺盛期，生长量加大，消耗水分多，需要大水勤浇。 d.开花、结果期，缺水将影响开花的数量与质量。 e.休眠期，植株的生命活动逐渐减弱，需水量明显减少
		根据季节浇水	a.春季，天气转暖，植物开始生长，浇水量要逐渐增加。 b.夏季，温度高，光照强，生长旺盛，蒸腾量大，宜多浇水。 c.秋季，温度逐渐下降，植物生长转缓，浇水量适当减少。 d.冬季，气温低，多数植物生长缓慢甚至休眠，应控制浇水。夏季浇水以清晨和傍晚为宜，冬季以上午 10 时至下午 3 时为宜
	③松盆		也称扦盆。扦盆就是用竹片、小铁耙等工具疏松盆面营养土，同时清除表面杂草、青苔等物，相当于露地栽培中的松土除草
	④整形修剪		通过整形修剪，或形成枝叶繁茂、形态浑圆丰满的冠形；或形成粗壮挺拔的主干；或提早或延缓开期；或使开花多而艳
	⑤支撑	棒状支柱支撑法	将棒状支柱末端扎入土中，用细绳或细金属丝将植物绑扎、固定在支柱上。单盆大苗，可用三角形支撑
		环状支架支撑法	用铁丝、竹丝、树枝等柔软物绕制成环状支架，并设置于盆面以上一定高度，使植物的茎、枝在一定的范围内伸展
		篱架支架支撑法	用铁丝、竹丝、树枝等柔软物绕制成扇状支架，下端深插于盆中，引导植物缠绕生长
		模型支架支撑法	用竹、木、金属等制作成各种形状，置于盆面供植物攀援生长，并且通过一定的整形修剪手段形成各种造型
	⑥换盆	换盆时间	a.宿根花卉和木本花木：秋季生长停止→春季生长前。 b.常绿植物：雨季换盆
		换盆条件	a.一部分根系自泄水孔中穿出或露出土面。 b.盆中的栽培基质物理性质变劣，养分贫乏。 c.老盆已经老化、损坏
		更换次数	一二生花卉：开花前换 2~4 次； 宿根花卉：1 年换 1 次； 木本花木：2~3 年换 1 次
		换盆方法	a.脱盆：先将植株从原来的容器中取出。 b.削土球：适当切削原土球（切除不超过原土球的 1/3）。 c.修剪：剪去裸露的老根、病残根，适当修剪枝叶。 d.栽植：植入新的容器
		换后管理	a.浇水：换盆后，立即浇透水。第一次以保持土壤湿润为宜。 b.遮阴：换盆后，如遇阳光强烈，应该适当遮阴

四、园林植物无土栽培技术

（一）无土栽培的优缺点★★★★★

优点	①消除了土壤传染的病虫害,避免了连作障碍。 ②节水节肥。 ③降低了劳动强度,省工省力。 ④克服了土壤限制。 ⑤产量高、品质好
缺点	①一次性投资较大。 ②对操作管理人员的技术水平要求高

（二）无土栽培的类型和方法★★★★★

类型		原理	特点
无基质栽培	水培 营养液膜法（NFT）	使一层很薄的营养液(0.5~1 cm)层不断循环流经植物根系,既供给植物水分和养分,又供给根系新鲜氧气	①灌溉技术大为简化,营养元素供给均衡。 ②根系与土壤隔离,可避免各种土传病害
	水培 深液流法（DFT）	在栽培床中盛放5~10 cm深的营养液,将植物根系置于其中,同时采用措施补充氧气	①不怕中途停水停电。 ②稳定性好,利于植物生长。 ③对设施的要求高。 ④若病害,蔓延快,危害大
	喷雾栽培（雾培或汽培）	根系悬挂,用自动定时喷雾装置向植物根系供应水分和养分,同时供给氧气	设备投入较大,需要持续供电
基质栽培		植物的根系生长在基质中,通过滴灌或细流灌溉等方法,给植物提供营养。栽培的基质可以装入塑料袋内,或铺于栽培沟或槽内	无土栽培中推广面积最大的一种方式。常用沙粒、蛭石、珍珠岩、陶粒等无机材料作为基质。但在生产中,堆肥土、泥炭、木屑、稻壳等有机基质也常用作基质

（三）无土栽培的设施与设备★★

设施	设备	特点
营养液膜系统（NFT）	包括栽植槽、贮液池、营养液循环流动装置和控制系统4个部分	营养液液层较浅,循环流动,可再次使用。需要持续供电

续表

设施	设备	特点
深液流系统（DFT）	包括贮液池、栽植槽、营养液循环流动装置及控制系统4个部分	该系统营养液层较深,根系生长环境稳定。 植株悬挂营养液,有利于氧气的吸收。 不怕中途停水停电
雾培系统	包括栽植架、喷雾系统、营养液循环流动装置和控制系统4个部分	设备投入较大,需要持续供电
基质栽培系统	①槽培	将基质装入栽培槽中以栽植植物
	②袋培	用尼龙袋、塑料袋等装上基质,袋上打孔,孔中栽培植物,以滴灌供应水分与养分
	③岩棉栽培	用岩棉作基质的无土栽培。岩棉具有土壤的多种缓冲作用,有利于植物根系生长
	④有机生态型无土栽培	见下方
有机生态型无土栽培系统	采用基质代替天然土壤,用固态有机肥料和直接清水灌溉	a.有效克服设施栽培中的连作障碍。 b.操作管理简单。 c.一次性投入成本低。 d.以有机物为主,不会出现有害的无机盐类。 e.植株生长健壮,病虫害发生少,减少了化学农药的污染,产品洁净卫生、品质好
供液系统	①滴灌系统	开放式系统,营养液不能循环利用
	②喷雾系统	封闭系统,营养液经消毒处理后可以重复使用
	③液膜（流）系统	封闭系统,营养液经消毒处理后可以重复使用

（四）基质与营养液的管理★★★★★

种类	制备	特性
基质管理	①洗盐处理	用清水反复冲洗,除去多余的盐分
	②灭菌处理	采用蒸汽高温灭菌法、暴晒高温灭菌法或药剂灭菌法
	③基质更换	若基质通气性下降、保水性过高,病菌大量累积,需要更换
营养液管理	①配方管理	植物的种类不同,营养液配方也不同。即使同一种植物,不同生育期、不同栽培季节,营养液配方也应略有不同
	②浓度管理	营养液浓度直接影响植物的产量和品质。不同植物、同一植物的不同生育期、不同季节营养液浓度管理也略有不同
	③酸碱度管理	营养液的pH一般要维持在最适范围,尤其是水培

续表

种类	制备	特性
营养液管理	④温度管理	营养液的温度不仅直接影响根的生理机能,而且也影响营养液中溶存氧的浓度、病菌繁殖速度等
	⑤供液方式与供液量的管理	无土栽培的供液方法有连续供液和间歇供液两种。基质栽培通常采用间歇供液方式
	⑥营养液的补充与更新	非循环式供液的,营养液无须补充与更新。循环式供液的,当回流液的量不足一天的供液用量时,就需补充添加
	⑦营养液的消毒	最常用的方法是高温热处理,处理温度为 90 ℃。也可采用紫外线照射,用臭氧、超声波处理等方法

真题演练

一、单项选择题

1. (2016 年)用草绳缠绕树干的防寒措施称为(　　)。
   A. 包扎法　　　　B. 设风障　　　　　　C. 盖筐　　　　　　　D. 培土法

2. (2016 年)将栽培的植物移到另一个盆中去栽的操作过程称为(　　)。
   A. 转盆　　　　　B. 倒盆　　　　　　　C. 换盆　　　　　　　D. 翻盆

3. (2017 年)将植物栽植于容器中的过程称为(　　)。
   A. 上盆　　　　　B. 排盆　　　　　　　C. 松盆　　　　　　　D. 换盆

4. (2017 年)仅有一个南倾斜透光屋面的温室称为(　　)。
   A. 单屋面温室　　B. 圆拱形屋面温室　C. 双屋面温室　　　　D. 连栋温室

5. (2017 年)对进场后的苗木进行品种、规格、质量和数量的校核,这一环节称为(　　)。
   A. 卸车　　　　　B. 验苗　　　　　　　C. 散苗　　　　　　　D. 栽植

6. (2018 年)乔木带土球起苗时,土球直径最小为其胸径的(　　)。
   A. 2~4 倍　　　　B. 6~8 倍　　　　　　C. 10~12 倍　　　　　D. 14~16 倍

7. (2018 年)用速效肥料进行叶面施肥,浓度范围一般为(　　)。
   A. 0.1%~0.3%　　B. 0.3%~0.5%　　　C. 0.5%~0.7%　　　　D. 0.7%~0.9%

8. (2018 年)有两个相等屋面的温室是(　　)。
   A. 单屋面温室　　B. 双屋面温室　　　C. 平顶屋面温室　　　D. 圆拱屋面温室

9. (2018 年)具有排水良好、透气性强、质地粗糙特征的花盆是(　　)。
   A. 瓦盆　　　　　B. 釉盆　　　　　　　C. 塑料盆　　　　　　D. 纸盆

10. (2018 年)将植物从原来的容器中取出的换盆方法称为(　　)。
    A. 上盆　　　　　B. 排盆　　　　　　　C. 松盆　　　　　　　D. 脱盆

11.(2019 年)下列能用于根系伤口杀菌的是(　　)。
　　A.生根剂　　　　　B.杀虫剂　　　　　C.防腐剂　　　　　D.催熟剂

12.(2019 年)园林植物带土球起苗,土球高度通常为土球直径的(　　)。
　　A.2/3　　　　　　B.2/5　　　　　　C.1/3　　　　　　D.1/5

13.(2019 年)下列温室加温方法中,容易污染环境的是(　　)。
　　A.热水加温　　　B.烟道加温　　　C.热风加温　　　D.蒸汽加温

14.(2019 年)园林植物水分蒸腾量最大的季节是(　　)。
　　A.春季　　　　　B.夏季　　　　　C.秋季　　　　　D.冬季

15.(2019 年)下列不能用于无土栽培的水源是(　　)。
　　A.雨水　　　　　B.河水　　　　　C.井水　　　　　D.污水

16.(2020 年)下列属于新植苗木保温措施的是(　　)。
　　A.苗木喷雾　　　B.苗木固定　　　C.苗木遮阴　　　D.苗木裹干

17.(2020 年)温室最经济的降温系统是(　　)。
　　A.微雾降温系统　B.自然通风系统　C.空调降温系统　D.水帘降温系统

18.(2020 年)下列不属于瓦盆特征的是(　　)。
　　A.质地粗糙　　　B.透气性差　　　C.价格低廉　　　D.排水良好

19.(2020 年)下列栽培基质中,有机质含量最高的是(　　)。
　　A.堆肥土　　　　B.河沙　　　　　C.珍珠岩　　　　D.陶粒

20.(2020 年)下列不属于无土栽培特点的是(　　)。
　　A.节水节肥　　　B.产量高　　　　C.费工费力　　　D.品质好

21.(2021 年)下列属于苗木固定措施的是(　　)。
　　A.搭遮阳网　　　B.苗木裹干　　　C.树冠喷雾　　　D.三角支撑

22.(2021 年)下列关于土壤通气的叙述,错误的是(　　)。
　　A.有利于保持土壤良好的透气性　　　B.可增强植物光照强度
　　C.可防止土壤板结　　　D.有利于苗木根系的萌发

23.(2021 年)将植株从较小容器转入较大容器的栽培方法是(　　)。
　　A.换盆　　　　　B.松盆　　　　　C.上盆　　　　　D.排盘

24.(2021 年)下列栽培基质中,有机质含量最低的是(　　)。
　　A.堆肥土　　　　B.泥炭　　　　　C.腐叶土　　　　D.陶粒

25.(2021 年)下列关于无土栽培的叙述,错误的是(　　)。
　　A.可实现节水节肥　　　B.可降低劳动强度,省工省力
　　C.产量低、品质差　　　D.对操作人员技术水平要求高

二、判断题

1.(2016 年)绿化种植穴或种植槽的周壁上下大体垂直,而不应成为"锅底形""V 形"。
(　　)

2.(2016 年)扦盆是指用竹片、小铁耙等工具来疏松盆土,除去青苔和杂草的操作方法。
(　　)

3.(2017年)行道树定点放线时,一般以路牙或道路中轴线为基准。 （　　　）

4.(2017年)远距离运输裸根苗,需要填充保湿材料。 （　　　）

5.(2017年)新植苗木在寒潮来临前,应做好覆土、裹干、设立风障等保温工作。 （　　　）

6.(2017年)标准塑料大棚一般采用"三膜覆盖"。 （　　　）

7.(2018年)裸根起苗仅适用于灌木。 （　　　）

8.(2018年)苗木栽植完毕后,应在围堰内浇透定根水。 （　　　）

9.(2018年)塑料大棚具有结构简单、投资少的优点。 （　　　）

10.(2018年)植物上盆时,盆土应低于盆口约1.5 cm,以利于浇水。 （　　　）

11.(2018年)无土栽培节水节肥,是现代农业先进的栽培技术。 （　　　）

12.(2019年)园林植物起苗时,土球包扎可以起到根系保湿的作用。 （　　　）

13.(2019年)现代化温室可以对温度、光照、肥料、农药等多因子进行检测与调控。 （　　　）

14.(2019年)塑料盆不能用作园林植物栽培容器。 （　　　）

15.(2019年)蛭石保水、保肥性好,可用于配制栽培基质。 （　　　）

16.(2019年)无土栽培可以实现计算机智能化管理。 （　　　）

17.(2020年)为防止苗木水分散失,运输一般选择傍晚或阴天进行。 （　　　）

18.(2020年)紫砂盆不能栽植树桩盆景。 （　　　）

19.(2020年)现代温室可通过调节光照来调控植物花期。 （　　　）

20.(2020年)煤渣透气性好,可以用作栽培基质。 （　　　）

21.(2020年)盆栽园林植物不需要追肥。 （　　　）

22.(2021年)叶面施肥可以在雨天进行。 （　　　）

23.(2021年)纸盆不能用于园林育苗。 （　　　）

24.(2021年)珍珠岩可作栽培基质。 （　　　）

25.(2021年)牛粪、鸡粪可用作基肥。 （　　　）

26.(2021年)塑料大棚可通过多层覆盖来提高保温性能。 （　　　）

三、问答题

1.(2016年)带土球苗的栽植步骤是什么?

2.(2017年)带土球起苗的步骤是什么?

3.(2018年)简要回答大树移栽时,软材包扎土球的方式。

4.(2019年)无土栽培的优点有哪些?

5.(2020年)园林植物栽培容器的选择应重点考虑哪几个方面?

6.(2021年)简述常绿树带土球起苗的操作流程。

习题练习

一、单项选择题

1.下列哪种不是栽植的技术环节?（　　　）

  A. 起苗　　　　　　B. 运输　　　　　　C. 定植　　　　　　D. 配植

2. 圆形土球软材包扎常用的材料不包括(　　　)。

  A. 蒲包片　　　　　B. 草绳　　　　　　C. 木箱　　　　　　D. 麻袋片

3. 圆形土球软材包扎常用的方法不包括(　　　)。

  A. 橘络形　　　　　B. 井字形　　　　　C. 五星形　　　　　D. 三角形

4. 落叶乔木裸根起苗时,挖掘的根冠幅度应为其胸径的(　　　)。

  A. 4~6 倍　　　　　B. 6~8 倍　　　　　C. 8~10 倍　　　　　D. 10~12 倍

5. 落叶灌木裸根起苗时,挖掘的根冠幅度应为其苗木高度的(　　　)。

  A. 2 倍左右　　　　B. 同等大小　　　　C. 1/2 左右　　　　D. 1/3 左右

6. 土球苗运输过程中,下列措施不能防止水分散失的是(　　　)。

  A. 在车厢上搭建遮阳棚　　　　　　B. 在土球表面覆盖保湿物

  C. 对树体喷洒蒸腾抑制剂　　　　　D. 给树体进行营养输液

7. 塑料大棚的方向设置一般为(　　　)。

  A. 东西长,南北宽　　　　　　　　B. 南北长,东西宽

  C. 东西、南北等长　　　　　　　　D. 以上均可

8. 下列不属于温室加温方法的是(　　　)。

  A. 热水　　　　　　B. 蒸汽　　　　　　C. 草帘　　　　　　D. 烟道

9. 为防止盆栽植物因趋光性而产生偏冠生长,需要进行的操作是(　　　)。

  A. 转盆　　　　　　B. 倒盆　　　　　　C. 换盆　　　　　　D. 翻盆

10. 盆栽植物在生长过程中需要转盆,目的是(　　　)。

  A. 防止偏冠现象　　B. 防止透光不良　　C. 防止病虫害　　　D. 防止植物徒长

11. 设施盆栽过程中,为使植物生长健壮均匀,将盆栽植物搬动位置的操作称为(　　　)。

  A. 转盆　　　　　　B. 倒盆　　　　　　C. 换盆　　　　　　D. 翻盆

12. 盆内外光洁、轻巧,洗涤方便,不易破碎,适宜于长途运输的栽培容器是(　　　)。

  A. 瓦盆　　　　　　B. 釉盆　　　　　　C. 塑料盆　　　　　D. 木盆

13. 下列不适宜用作盆景用盆的是(　　　)。

  A. 陶盆　　　　　　B. 紫砂盆　　　　　C. 大理石盆　　　　D. 纸盆

14. 下列属于无土栽培缺点的是(　　　)。

  A. 一次性投资较大　　　　　　　　B. 费时费力

  C. 对水费需求量较大　　　　　　　D. 产量不稳定

15. 下列不适合作无土栽培基质的是(　　　)。

  A. 蛭石　　　　　　B. 岩棉　　　　　　C. 沙粒　　　　　　D. 砂壤土

16. 带土球起苗时,土球高度通常为土球直径的(　　　)。

  A. 2/3　　　　　　　B. 1/3　　　　　　　C. 3/4　　　　　　　D. 1/2

17. 为防止根系伤口感染病菌,用(　　　)对较粗根系的伤口进行杀菌消毒。

  A. 生根剂　　　　　B. 防腐剂　　　　　C. 生长素　　　　　D. 酒精

18. 苗木运输前,再装车时,通常将土球朝向(　　　),树冠向后,以避免运输途中因逆风而使枝梢翘起折断。

A. 车辆行进方向　　　　　　　　B. 与风向保持一致

C. 与风向保持相反　　　　　　　D. 与车辆行进方向相反

19. 将容器在原地转动一定角度,每次转盆角度45°左右称为(　　　)。

　　A. 上盆　　　　　　B. 转盆　　　　　　C. 翻盘　　　　　　D. 倒盆

20. 落叶灌木起苗时根系幅度应为苗木高度的(　　　)。

　　A. 1/2　　　　　　B. 1/3　　　　　　C. 1/4　　　　　　D. 1/5

21. 三角支撑最有利于带土球苗木的固定,支撑点应在树体高度(　　　)。

　　A. 1/2　　　　　　B. 2/3　　　　　　C. 1/4　　　　　　D. 2/5

22. 叶面施肥一般尿素、硫酸铵、磷酸二氢钾,溶液浓度控制在(　　　)。

　　A. 0.1% ~0.3%　　B. 0.3% ~0.5%　　C. 1.0% ~3.0%　　D. 3.0% ~5.0%

23. 挂营养液吊袋给大树补充生长营养,在树干的主干的中上部钻孔,深度为(　　　)。

　　A. 2 ~4 cm　　　　B. 4 ~6 cm　　　　C. 6 ~8 cm　　　　D. 8 ~10 cm

24. 塑料大棚拱架顶高一般为(　　　)。

　　A. 1.0 ~1.6 m　　B. 2.2 ~2.8 m　　C. 3.0 ~3.6 m　　D. 4.0 ~4.6 m

25. 温室加温方法中,升温较缓慢,温度均匀,湿度较大的是(　　　)。

　　A. 热水　　　　　　B. 蒸汽　　　　　　C. 热风　　　　　　D. 烟道

26. 目前温室微灌系统的主要方式是(　　　)。

　　A. 滴灌　　　　　　B. 微喷灌　　　　　C. 渗灌　　　　　　D. 雾灌

27. 质地粗糙,通气、排水性能良好,适合植物生长的花盆是(　　　)。

　　A. 瓦盆　　　　　　B. 釉盆　　　　　　C. 塑料盆　　　　　D. 木桶

28. 下列肥料中,属于基肥的是(　　　)。

　　A. 尿素　　　　　　B. 磷酸二氢钾　　　C. 饼肥、牛粪　　　D. 过磷酸钙

29. 营养液的高温消毒处理的温度为(　　　)。

　　A. 80 ℃　　　　　B. 90 ℃　　　　　C. 100 ℃　　　　　D. 110 ℃

30. 营养液的配制 pH 值在(　　　)。

　　A. 3.5 ~5.5　　　B. 5.5 ~7.5　　　C. 7.5 ~9.5　　　D. 9.5 ~11.5

31. 为便于上盆后浇水、施肥,基质面应低于盆口(　　　)左右,称之为"留沿口"。

　　A. 1.5 cm　　　　B. 2 cm　　　　　C. 2.5 cm　　　　D. 3 cm

二、判断题

1. 园林植物栽植时,在地下水位高的区域,应采用浅穴、堆堰的方式。　　　　　　　(　　　)

2. 园林植物栽植时,在坡顶、容易干旱的区域,应采用深穴、围堰的方式。　　　　　(　　　)

3. 土球苗挖掘时,遇到 3 cm 以上的粗根,需用铁锹斩断。　　　　　　　　　　　　(　　　)

4. 对土质比较黏重的土球,一般仅用草绳直接包扎。　　　　　　　　　　　　　　　(　　　)

5. 包扎土球的草绳、蒲包片、麻袋片等软材需提前用清水浸湿。　　　　　　　　　　(　　　)

6. 树体水分平衡是栽植成活的关键。　　　　　　　　　　　　　　　　　　　　　　(　　　)

7. 苗木移栽时不能对其枝叶进行修剪,以免影响苗木规格。　　　　　　　　　　　　(　　　)

8. 裸根起苗最好春季根系刚刚活动、枝条萌芽之前进行。　　　　　　　　　　　　　(　　　)

9. 土球苗装车时,一般将树冠朝前(车辆行进方向),土球朝后。 （　　）

10. 苗木卸车时,为了方便,一般从下往上拿取。 （　　）

11. 苗木栽植时,若树冠高低不匀,应将高冠面朝向主面,便于观赏。 （　　）

12. 多雨地区为防止积水,可将栽植穴堆成馒头状。 （　　）

13. 现代温室的内外遮阳可以自动操控。 （　　）

14. 园林植物设施栽培中,为降低栽培管理成本,常采用地栽方式。 （　　）

15. 转盆时,每次在原地按一定方向转动90°。 （　　）

16. 树桩盆景用盆,为防止水分流失,盆地一般不设排水孔。 （　　）

17. 植株上盆时盆土尽量装满,以利根系有充足营养来源。 （　　）

18. 容器栽培时,浇水应遵循"不干不浇、浇则浇透、透而不漏"的原则。 （　　）

19. 无土栽培需进行营养液的配制、供应和管理,增加了劳动强度,不能省工省力。（　　）

20. 深液流法(DFT)不怕中途停水停电。 （　　）

21. 花芽分化前后,需要适度干旱,才能促进转变过程的完成,常采用"扣水"措施。（　　）

22. 乔木的主要校验项目包括:土球的规格、完好程度;枝干树皮完好情况;苗木干茎、高度、冠幅、树型是否符合图纸要求。 （　　）

23. 塑料大棚具有结构简单、建造与拆装方便、运行成本低等优点。 （　　）

24. 苗木的年龄不会影响栽植成活及成活后的适应性和抗逆性。 （　　）

25. 圆形土球软材包扎的常用方法有橘络形、井字形和五星形。 （　　）

26. 带土球移栽的树木,树体水分平衡是栽植成活的关键。 （　　）

27. 裸根苗在运输前一般应对根部做好保湿处理。 （　　）

28. 裸根苗木打包后在卷包外注明树种、数量、发运地点和收货单位(人)等。 （　　）

29. 无土栽培可节省肥水。 （　　）

30. 土壤黏性过重,就在土壤中掺入沙土或适量腐殖质。 （　　）

31. 野外搜集的山地苗可以直接作为绿地工程中的园林植物。 （　　）

32. 带土球苗木的栽植,解除包扎材料,尽量不让土球松散,然后分层填土,分层捣实。 （　　）

33. 裸根苗的栽植,将苗放入栽植穴,填入质量合格的土壤。 （　　）

34. 验苗是校验苗木的品种、规格、质量和数量。 （　　）

35. 不论哪一种形式的塑料大棚,一般按东西长、南北宽的方向设置。 （　　）

36. 盆栽植物在设施内的摆放,喜光植物应摆放在光线充足的温室前、中部。 （　　）

37. 行道树定点放线,一般以路牙或道路中轴线为依据,要求两侧对仗整齐。 （　　）

38. 营养液必须含有植物生长发育所必需的全部营养元素,包括大量元素和微量元素。 （　　）

39. 土壤施肥应遵循"薄肥勤施"的原则,防止烧根。 （　　）

40. 水培是指不使用固体基质固定植物根系的无土栽培法。 （　　）

三、问答题

1. 带土球起苗运输过程中,防止水分散失的措施有哪些?

2. 新植苗木的养护包括哪几方面？

3. 无土栽培营养液管理包括哪几个方面？

4. 新植苗木养护，其中保湿降温的方法有哪些？

5. 塑料大棚的施工工序是什么？

6. 容器栽培对基质的要求有哪些？

7. 无土栽培基质的管理包括哪几个方面？

8. 带土球起苗的步骤是什么？

第三单元　园林植物的整形修剪技术

考点分析

1. 理解园林树木的树体结构和枝芽特性。

2. 了解园林植物整形修剪的原则。

3. 掌握园林植物整形修剪的时期。

4. 掌握园林植物整形修剪的形式和方法。

5. 掌握大枝锯截方法。

6. 掌握行道树常见的树形及其整形修剪方法。

7. 掌握花灌木整形修剪的要求。

8. 了解常见花灌木的整形修剪技术。

9. 掌握绿篱整形修剪的方式和时期。

10. 掌握藤本类植物整形修剪的形式。

11. 了解常见藤本类的整形修剪技术。

12. 了解地被植物在园林绿地中的配置方式。

题型与分值

题型	2016 年	2017 年	2018 年	2019 年	2020 年	2021 年
单项选择题	12 分	10 分	12 分	9 分	9 分	9 分
判断题	10 分	8 分	9 分	6 分	6 分	6 分
简答题	5 分	—	—	9 分	10 分	10 分

相关知识

一、园林树木的树体结构和枝芽特性

(一)园林树木的树体结构★★

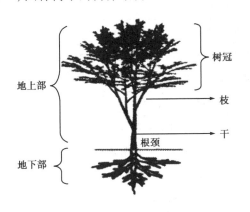

(二)园林树木的枝芽特性★★★★

1.芽的分类

分类依据	类型		特征
(1)着生位置	定芽	顶芽	生长在茎或枝顶端的芽
		腋芽	生长在叶腋的芽,也称为侧芽
	不定芽		位置不固定,常从老茎、根、叶或从创伤部位上产生
(2)芽的数量	单芽		每一叶腋只有一个腋芽
	复芽		每一叶腋可发生二个或几个腋芽
(3)芽鳞有无	鳞芽		有芽鳞包被的芽,也称被芽,如杨树
	裸芽		无芽鳞保护,芽的幼叶直接暴露在外的芽,如枫杨
(4)分化类型	叶芽		叶芽发育为营养枝,如榆树
	花芽		花芽发育为花或花序,如桃树
	混合芽		同时发育为枝、叶和花(或花序),如海棠、紫薇
(5)生理状态	活动芽		能在当年生长季节中萌发的芽
	休眠芽		在生长季节里不活动、暂时休眠的芽,也称潜伏芽

2. 枝的分类

分类依据	类型	特征
(1)按枝条在树冠上的位置	①主干	从地面到第一分枝点的部分
	②中心干	主干的延伸部分,有的明显,有的不明显或无
	③主枝	着生在主干或中心干的永久性大枝
	④侧枝	着生在主枝上的大枝
	⑤枝组	从侧枝上分生的许多小枝形成的枝群
	⑥骨干枝	树冠骨架的永久性枝,包括主干、中心干、主枝、侧枝
	⑦延长枝	各级骨干枝先端的一年生枝
(2)按各枝条之间的相互关系	①重叠枝	两枝在同一垂直平面,上下重叠
	②平行枝	两枝在同一水平面,互相平行伸展
	③轮生枝	几个枝自同一节上长出,向四周放射状伸展的枝
	④交叉枝	两个以上互相交叉生长的枝
	⑤并生枝	从一个节或芽中并生两枝或多个枝
(3)按枝条年龄和萌发时期及先后	①新梢	幼芽萌生后当年抽生的新枝条
	②一年生枝	当年形成的新梢至第二年萌芽前
	③二年生枝	一年生枝自萌芽后到第二年春为止
	④多年生枝	生长二年以上的枝
	⑤春梢	早春萌发的新梢
	⑥夏梢	7—8月份抽生的枝梢
	⑦秋梢	秋季抽生的枝梢
(4)按枝条性质	①生长枝	只长叶不开花的一年生枝
	②结果枝	能开花结果的一年生枝
	③徒长枝	多由潜伏芽萌发生长而成的枝条,生长直立旺盛,节间长,叶大而薄,芽瘦小,组织不充实

3. 枝芽的特性

芽的特性 （芽序）	图示			
	类型	互生芽序	对生芽序	轮生芽序
		每节着生一芽	每节着生两芽	每节着生三芽或以上
	代表植物	葡萄、板栗	丁香、洋白蜡	夹竹桃、雪松
枝的特性 （分枝方式）	图示			
	类型	总状分枝	合轴分枝	假二叉分枝
		也称单轴分枝。主茎的顶芽始终占优势，形成通直主干	顶芽一段时间后分化花芽或自枯，侧芽代替延长生长	顶芽分化为花芽或自枯，其下对生芽同时萌枝生长，形成叉状
	代表植物	银杏、松柏杉类	桃、李、榆、柳	丁香、石竹、曼陀罗
其他枝芽特性	芽的异质性	①枝条基部或近基部的芽瘦小、不健壮，中部及以上饱满而健壮。 ②秋、冬梢形成的芽一般也较为瘦小。 注：修剪中利用芽的异质性来指调节枝条的长势，平衡树木的生长和促进花芽的形成萌发		
	芽的潜伏力	当枝条受到刺激或外围枝衰弱时，能由潜伏芽发生新梢。 注：休眠芽比一般芽年轻，常用来更新复壮老树或老枝		
	萌芽力和成枝力	萌芽力和成枝力强→枝条多，耐修剪，宜多疏轻截； 萌芽力与成枝力弱→树冠稀疏，应少疏多短截，促其发枝		
	顶端优势	同一枝条上顶芽或位置高的芽抽生的枝条生长势最强，向下生长势递减的现象称为顶端优势。 ①如果去掉顶芽或上部芽，即可促使下部腋芽和潜伏芽的萌发。 ②顶端优势的强度与枝条的分枝角度： 顶端优势强→枝条直立；顶端优势弱→枝条下垂		

二、园林植物整形修剪

(一)园林植物整形修剪的作用(意义)★★

①控制树木体量,改变枝条的生长方向,使之保持合理冠形和优美树姿
②调节树势,形成饱满花芽,提高花果观赏效果
③刺激隐芽萌发,促使衰老的植株或枝条更新复壮
④改善通风透光条件,提高抗逆能力,减少病虫危害
⑤协调植物之间、植物与环境之间关系,促进协调发展
⑥促进绿地果树开花结果,延长观赏期

(二)园林植物整形修剪的原则★★★

(1)根据园林植物在园林绿化中的作用进行整形修剪	不同的绿地景观,同一绿地中的不同园林植物,需要采取不同的整形、修剪措施
(2)根据园林植物的生物学习性进行整形修剪	①注意园林植物的生长发育规律和开花习性。顶端优势强→树冠呈圆柱形、圆锥形,如毛白杨、圆柏 顶端优势弱→树冠呈圆球形、半圆球形,如桂花、栀子花
	②注意园林植物的生命周期。幼年期→弱剪,构建树体骨架; 成年期→轻剪,保持树体健壮完美; 衰老期→强剪,刺激其恢复生长势
(3)根据园林植物生长的环境条件进行整形修剪	生长地的温度、湿度、光照、坡度、共生树种、有无建筑物等。对园林植物的生长及整形、修剪都有不同程度的影响

(三)园林植物整形修剪的时期★★★★★

修剪时期	注意事项
休眠期修剪	①落叶树休眠期生命活动低,是整形修剪的最佳时期,冬季前后都可进行。 ②常绿树无明显休眠期,但冬季生长慢,是树体培养和枝叶调整良好时期。 ③对于伤流较重的树种,应在冬前进行整形。 ④北方严寒地区修剪后伤口易受冻害,故以早春修剪为宜。 ⑤需保护越冬的花灌木,应在秋季落叶后立即重剪
生长期修剪	①一般采用轻剪,以免因剪除枝叶量过大而影响树体生长。 ②对萌芽发枝能力强的,疏除休眠期剪口附近的过量新梢。 ③对嫁接成活苗,应加强抹芽、除蘖,以保护接穗的健壮生长。 ④对于夏季开花树种,应在花后及时修剪,避免养分消耗,使翌年多开花。 ⑤对一年内多次开花树木,于花后及时剪去花枝,可使新梢抽发,再次开花。 ⑥对观叶、观形的树木,生长期修剪应及时去除扰乱树形的枝条。 ⑦绿篱在生长期可多次修剪,以保持绿篱的整齐美观

（四）园林植物整形修剪的方法★★★★★

时期	方法	类别	标准	作用
休眠期	短截（剪去一年生枝条的部分）	轻短截	剪去枝条全长的 1/5 ~ 1/4	观花观果类树木的强壮枝修剪,刺激花芽分化萌发
		中短截	剪去枝条全长的 1/3 ~ 1/2	用于骨干枝和延长枝的培养及某些弱枝的复壮
		重短截	剪去枝条全长的 2/3 ~ 3/4	用于弱树、老树和老弱枝的复壮更新
		极重短截	仅在春梢基部留 2 ~ 3 个芽	用于竞争枝的处理
	疏剪（从基部将枝条剪去）	轻疏	剪去全树 10% 的枝条	用于疏除弱枝、病虫害枝、枯枝、交叉枝、干扰枝、萌蘖枝等
		中疏	剪去全树 10% ~20% 的枝条	
		重疏	剪去全树 20% 以上的枝条	
		幼树宜轻疏,成年树应适当中疏,衰老期应尽量少疏。花灌木类,轻疏能促进花芽的形成,有利于提早开花		
	回缩	剪去多年生枝的一部分,剪口下留一壮枝。用于更新复壮		
	缓放	对一年生枝不做任何修剪或仅剪掉不成熟的秋梢。用于培养结果枝		
	刻芽	在芽的上方 1 ~ 3 cm 处横向刻伤,割破韧皮部,并适当伤及木质部,促进伤口下芽萌发。※粗枝、壮枝多刻,中庸枝少刻,细弱枝不刻		
	截干	对主干或粗大的主枝、骨干枝等进行截断的措施。促使树木更新复壮。多用于耐移植大苗的移栽时截去树冠,以及行道树修剪时平头等		
生长期	抹芽	在芽萌发后,将芽从基部抹除。抹芽是最早的疏枝		
	摘心	将新梢的生长点摘去。削弱顶端优势,利于花芽分化和开花结果		
	剪梢	剪去新梢的一部分。控制新梢生长,促发分枝,增加枝量		
	疏梢	将新梢从基部疏除。是最早的疏枝		
	扭梢	当新梢半木质化时,手握住其基部 10 cm 处轻轻扭转改变方向。扭梢的作用是缓和扭伤部位以上的生长势,促进幼树花芽分化		
	环割	将枝干的皮层(韧皮部)割破一圈。提高剥口以上部分的有机营养水平,有利于花芽分化。不利于根系的生长发育		
	环剥	对枝干进行环状剥皮。注:环剥只能用于旺树、旺枝,弱树、弱枝不能剥。※环剥应在花芽生理分化期进行。环剥的剥口宽度一般为 3 ~ 8 mm,最宽处不宜超过剥枝直径 1/10		
	开张	人为加大枝条的分枝角度,其主要作用是削弱顶端优势,改善通风透光条件,形成理想的树形。开张角度的方法很多,如撑、拉、坠压等		

（五）园林植物整形修剪的形式★★★★★

形式	常见形状	代表树种
自然式	扁圆形	槐树、桃花
	长圆形	玉兰、海棠
	圆球形	黄刺玫、榆叶梅
	卵圆形	苹果、紫叶李
	伞形	合欢、垂枝桃
	不规则形	连翘、迎春
人工式	①修剪成规则的几何形体,如圆球形、圆锥形、三角形、梯形等	
	②修剪成不规则的各种形体,如鸟、兽、屏风、拱门、宫灯、城堡等	
混合式	杯状形:"三主六叉十二枝"	轴性弱的树种,如桃树、悬铃木
	自然开心行:不留中心干	轴性弱、枝条开展的树种,如碧桃
	多中心干形:留2~4中心干	生长旺盛树种,如紫薇、蜡梅、桂花
	中心干形:留一强大中心干	轴性强的树种,如银杏等庭荫树、孤植树
	丛球形:主干短、多中心	小乔木及灌木类
	棚架形:对藤本剪、缚、引等	棚架、廊、亭边的藤本植物
	灌丛形:基部留10余个主枝	小灌木,如迎春、连翘、云南黄馨

（六）整形修剪注意事项★★★★

1. 剪口和剪口芽

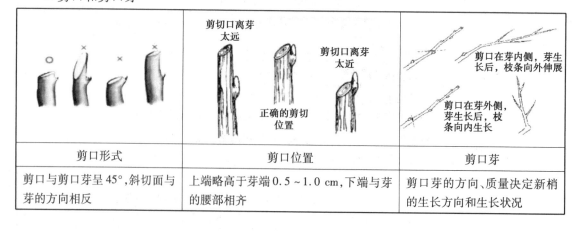

剪口形式	剪口位置	剪口芽
剪口与剪口芽呈45°,斜切面与芽的方向相反	上端略高于芽端0.5~1.0 cm,下端与芽的腰部相齐	剪口芽的方向、质量决定新梢的生长方向和生长状况

2. 大枝锯截

锯截方法 （三锯法）	第一锯:在距最终锯口 10 cm 处自下而上锯一浅伤口(深达枝干直径的 1/2 ~ 1/3); 第二锯:在距最终锯口 15 cm 处自上而下将枝干的大部分锯掉; 第三锯:在最终锯口处自上而下锯掉残桩。 适用对象:直径 10 cm 及以上大枝。 目的:避免劈裂(劈枝)。	
锯口保护	①锯口面积不大→自然愈合; ②锯口面积过大→保护措施: 第一步:用利刃将创面修整平滑; 第二步:用 2% 硫酸铜溶液消毒 第三步:涂保护剂(保护蜡或豆油铜素剂)	

三、行道树的整形修剪

（一）行道树整形修剪的要求★★

①枝下高及下垂枝应在 2.5 m 以上,如有双层公交车的道路的行道树应在 4 m 以上				
②若有架空管线的道路,行道树的树枝 与管线距离符合规定	电压/kV	1 ~ 10	35 ~ 110	154 ~ 220	330
	距离/m	1.5	3.0	3.5	4.5
③促使行道树树冠尽可能宽大,以增大遮阴面积				
④施工尽可能避免交通高峰期进行,同时注意车辆与行人安全				

（二）行道树常见的树形及其整形修剪方法★★★★★

常见树形		整形修剪方法	代表植物
自然式	有中心干	选留好树冠最下部的 3 ~ 5 个主枝,枝间上下错开、方向均匀、角度适宜,并剪掉主枝上的基部侧枝。养护管理中以疏剪为主,栽培中要保护顶芽向上生长。疏剪的对象为枯死枝、病虫枝、过密枝等	银杏、水杉、侧柏、杨树、雪松、枫杨
	无中心干	分枝点高度一般为 2 ~ 3 米,树冠最下部留 5 ~ 6 个主枝,使其自然形成卵圆形或扁圆形的树冠。每年修剪对象是密生枝、枯死枝、病虫枝和伤残枝等	旱柳、榆树

续表

常见树形	整形修剪方法	代表植物
杯状形	多用于架空管线等障碍物的道路环境。 适用于无中心干或主干弱的行道树。 整形为典型的"三主六杈十二枝"冠形结构	悬铃木、槐树
伞形	定植后在比枝下高出0.5 m处进行截干,用萌芽条培养新树冠,可形成伞形	小叶榕或萌芽力、成枝力都较强的行道树
开心形	定植时,将主干留3 m截干。春季发芽后,选留3~5个不同方位、分布均匀的侧枝并进行短截,促使其形成主枝,余枝疏除。以后每年留3~5个侧枝短截培养	适用于无中央主轴或顶芽自剪、呈自然开展冠形的树种

（三）常见行道树的整形修剪★

国槐	定干高度:3~3.5 m 修剪时期:冬季 整形方式:杯状形 修剪要点:"三主六杈十二枝"
悬铃木	(1)无架空管线:中心干形。保留1强壮直立枝作中心干培养。 (2)有架空管线:杯状形。"三主六杈十二枝"
榆树	整形方式:伞形 春季发芽前短截顶梢,占株高的1/3~1/4。短截超过主干直径1/2的侧枝,疏除密生枝。夏季修剪时选健壮直立枝做主干延长枝,其余枝条短截,确保主干优势
元宝枫	修剪时期:春季生长期及秋季落叶前进行,以避开伤流期。 (1)杯状形:"三主六杈十二枝" (2)多中心干形:按定干高度定植后,保留主干近顶部的多数萌芽,及时抹除主干下部的萌芽、根蘖。第二年,选留3~5个均匀排列、上下错落的枝条放任生长,作为树头培养,其余剪除。逐渐形成多领导干树形

四、花灌木的整形修剪

（一）花灌木整形修剪的要求★★

①修剪时应注意培养丛生而均衡的主枝,使植株保持自然丰满的冠形。 注:对主枝上过密的侧枝可采用疏剪,对保留的侧枝进行短截,以利于形成丰满的树冠
②对树龄较大的灌木定期疏除老枝,以培养新枝,使其保持枝叶繁茂
③经常短截突出树冠的徒长枝,以保持冠形的整齐均衡
④及时剪除残花烂果,以免损耗植物体内的养分

续表

	根据花芽分化类型或开花类别、观赏要求选择整形修剪的时间。 注:对在当年生枝条上夏秋开花的植物,可于休眠期进行重剪,利于萌发壮枝,提高开花的质量。如紫薇、月季、木槿、玫瑰等。 在二年生枝条上春季开花的植物,其花芽在去年夏秋分化,可在花期过后1~2周内进行修剪。如梅花、迎春、海棠等

(二)花灌木的整形修剪★★

新植花灌木	①带土球移植→轻剪;裸根移植→重剪。移植当年,开花前剪除花芽。 ②有主干的灌木或小乔木,保留一定高度主干,选留3~5个不同方向的主枝并短截1/2左右,其余的疏除,如碧桃、榆叶梅等。 ③无主干的灌木,选留4~5个分布均匀、生长正常的丛生枝并短截1/2左右,其余的疏除,如连翘、玫瑰、黄刺梅、太平花、棣棠等
一般养护	①内膛小枝→疏剪;树冠外围小枝→短截,垂细弱枝及地表萌蘖→疏除。 ②成片栽植的灌木丛,修剪形成中间高四周低或前低后高的丛形。 ③多品种栽植的灌木丛,修剪时应突出主栽品种,并留出适当生长空间。 ④定植多年的丛生老弱灌木,采用重短截的方法更新复壮。 ⑤栽植多年的有主干的灌木,每年应交替回缩主枝控制树冠
观花类灌木	(1)春花树种 ①对花芽着生在一年生枝条上的先花后叶树种,在春季花后中度或重度短截已开花枝条,疏剪过密枝,如连翘、丁香、黄刺玫、榆叶梅、绣线菊等。 ②对枝条稠密的种类,可疏除衰老枝,促发新枝,如毛樱桃、榆叶梅等。 ③对具有拱形枝的种类,可重剪老枝,促发强枝,如迎春、连翘等<hr>(2)夏秋花树种 ①对花芽在当年新梢上形成并开花,修剪应在休眠期或早春萌芽前进行,重剪使新梢强健,如木槿、珍珠梅、八仙花、山梅花、紫薇等。 ②对一年开两次花的灌木,除早春重剪老枝外,还应在花后将残花及其下方的2~3芽剪除,刺激二次枝的发生,以便再次开花,如珍珠梅<hr>(3)一年多次抽梢、多次开花树种(如月季) ①休眠期短截当年生枝条或回缩强枝,疏除病虫枝、交叉枝、过密枝。 ②生长季在花后于花梗下方第2~3芽处短截,剪口芽萌发抽梢开花,花谢后再剪,如此重复<hr>(4)花芽着生在二年生和多年生枝上的树种(如紫荆、贴梗海棠等) ①在早春剪除干扰树型并影响通风透光的过密枝、弱枝、枯枝或病虫枝,将枝条先端干枯部分进行轻短截,注意培育和保护老枝。 ②生长季节进行摘心,抑制营养生长,促进花芽分化<hr>(5)花芽着生在开花短枝上的树种(如西府海棠等) 一般在花后剪除残花,夏季对生长旺枝适当摘心,抑制生长,并疏剪过多的直立枝、徒长枝

续表

观枝(叶)类灌木	以自然整形为主,一般在休眠期进行重剪,以后轻剪,促发枝叶。 ①如红枫,夏季叶易枯焦,可行集中摘叶措施,逼发新叶。 ②如红瑞木等,为延长冬季观赏期,修剪多在早春萌芽前进行。 ③对嫩枝鲜艳、观赏价值高的种类,每年重短截促发新枝,疏除老干
观果类灌木	其修剪时间、方法与早春开花的种类基本相同。 ①生长季疏除过密枝,以利通风透光、减少病虫害、增强果实着色力。 ②在夏季,采用环剥、缚缢或疏花疏果等,增加挂果数量和单果重量
观形类灌木	①对垂枝桃、龙爪槐,短截时留拱枝背上的芽为剪口芽,诱发壮枝。 ②对合欢树,成形后只进行常规疏剪,通常不再进行短截修剪
其他种类灌木	对萌芽力极强或冬季易干梢的灌木种类,可在冬季自地面刈去,使来春重新萌发新枝,如胡枝子、荆条及醉鱼草等

五、绿篱的整形修剪

(一)绿篱的分类★★

类型	矮篱	中篱	高篱	绿墙
高度	<50 cm	50~120 cm	120~160 cm	>160 cm

(二)绿篱整形修剪的方式★★★★★

(1)自然式	①多用于绿墙、高篱和花篱。 ②适当控制高度,顶部修剪多放任自然,仅疏除病虫枝、干枯枝等。 ③对花篱,开花后略加修剪使之持续开花。 ④对萌芽力强的树种如蔷薇等,盛花后进行重剪,促使枝条粗壮
(2)整形式	①多用于中篱和矮篱。 ②草地、花坛的镶边矮篱常剪成有梯形、矩形或波浪形等几何形体的。 ③剪成高大的壁篱式,用作雕像、山石、喷泉等背景。 ④将树木单植或丛植,剪整成鸟、兽、建筑物或具有纪念、教育意义等的雕塑
整修修剪	为促使基部枝叶的生长,萌发更多的侧枝,可将树干截去1/3以上,剪口在预定高度下5~10 cm以下,同时将整条绿篱的外表面修剪平
养护修剪	绿篱的养护修剪多用短剪的方法,以轻短剪居多。为使修剪后的绿篱外观一致、平直,应使用大平板剪或修剪机修剪,曲面仍用修枝剪修剪

(三)绿篱整形修剪的时期★★★★

北方地区	每年至少进行一次,阔叶树一般在春季进行,针叶树在夏秋进
南方地区	植物四季生长,每年一般应修剪3次以上,以维持形象

续表

更新修剪	第一年,疏除过多的老干和老主枝,改善内部的通风透光条件。 第二年,对新生枝条进行多次轻短截,促发分枝。 第三年,将顶部剪至略低于所需要的高度,以后每年进行重复修剪。 注:萌芽能力较强的种类,可采用平茬的方法进行更新

六、藤本类的整形修剪

(一)藤本类整形修剪★

日常修剪	①多数离心生长很快,基部易光秃,出圃定植时,宜只留数芽重剪。 ②栽植后,日常修剪多短截下部枝
吸附类藤本	①引蔓附壁后,生长季可剪去未能吸附墙体而下垂的枝条。 ②对植物未能完全覆盖处,应短截空隙周围枝条,促发副梢填补空缺
钩刺类藤本	①可按灌木修剪方法疏枝,树势衰弱时进行回缩修剪,强壮树势。 ②用于棚架时,蔓枝一般可不剪,视情况回缩更新,去除老枝。 ③成年和老年藤本应常疏枝,并适当进行回缩修剪

(二)藤本类的整形修剪形式★★★★★

(1)棚架式	卷须类及缠绕类藤本植物多用此种方式进行整形修剪
(2)凉廊式	本形式常用于卷须类及缠绕类藤本,也可用于吸附类藤本
(3)篱垣式	本形式多用于卷须类及缠绕类藤本
(4)附壁式	本形式多用吸附类藤本植物
(5)直立式	对于紫藤等茎蔓粗壮的藤本植物,可以整形修剪成直立灌木式

(三)常见藤本类的整形修剪★★

紫藤	适宜做棚架栽培,也可整成直立灌木形。 ①棚架形整形修剪。保留的 1～3 个强壮枝条上架后,棚架以下的其他枝条全部疏除,保留棚架以上的强壮枝作为主枝进行培养。 ②成型树的整形修剪。疏去过密枝、纤弱枝、病残枝、过分相互缠绕枝等。对一年生枝用"强枝轻剪、弱枝重剪"的方法来平衡生长势,促发较多的短枝。 ③树体过大或者骨干枝衰老树的整形修剪。主要进行疏剪和局部回缩,并对选留的分枝进行短截,促发新枝,从而达到复壮的目的
葡萄	葡萄有伤流,发芽前不能修剪,最好在秋末冬初、落叶后 2～3 周进行。 最适宜棚架形培养。 ①休眠期的整形修剪。定植后至主蔓布满架面前,以整形为主。 ②生长期的整形修剪。生长期修剪主要是抹芽、疏枝、摘心和副梢处理,整个生长季节都可进行

续表

爬山虎	通常不需要大量修剪,只需整理杂枝即可。对攀爬不到位的,应加以适当诱导。主要修剪时间在冬季,如生长期枝蔓过于混乱,也需要及时整理

七、地被植物的整形修剪

(一)地被植物在园林中的配置方式★★

地被类型	特点	代表植物
(1)整形地被	用小灌木平面造型或观花地被形成优美图案或色彩变化	水蜡、紫叶小檗、金叶女贞、大(小)叶黄杨、一串红、万寿菊、矮牵牛、金盏菊等
(2)空旷地被	空旷场地上栽培喜光向阳的地被植物。绝大多数的一二年生草花类和大部分宿根、球根植物,以及部分矮生灌木类。	金盏菊、细叶美女樱、孔雀草、石竹、景天类、葡萄风信子、矮生鸢尾,以及郁金香、欧洲水仙
(3)林缘、疏林地被	在林缘地带或稀疏树丛下栽培的地被植物,具有一定的耐阴性,同时在阳光充足时也能生长良好,覆盖地面能力强,观赏效果佳的灌木及草本植物	常春藤、扶芳藤、铺地柏、小叶黄杨等
(4)林下地被	在乔、灌木层基本郁闭的树丛或林下种植的地被植物,要求植物具有较强的耐阴性	冷水花、麦冬、八角金盘等
(5)临水地被	在河岸、石涧、溪边、池塘边、驳岸种植的地被植物。要求耐水湿、观赏性强	连翘、桧柏、紫叶小檗、山梅花、蔷薇、马蔺、千屈菜、水生鸢尾等

(二)常见地被植物的整形修剪

希茉莉	管理较粗放,每年4—5月或10—11月必须重剪,留桩50 cm左右,有利于形成新的树冠,促进开花
红花檵木	萌芽力和发枝力强,耐修剪。在园林绿地应用中主要考虑叶色及叶的大小两方面

真题演练

一、单项选择题

1.(2016年)落叶树木正常落叶后至翌春枝叶萌发前的时期,被称为(　　)。
　A.生长期　　　　　　　　　　　B.生长转入休眠的过渡期
　C.休眠期　　　　　　　　　　　D.休眠转入生长的过渡期

2.(2016年)既开花又长枝叶的芽称为(　　)。

A. 混合芽　　　　B. 叶芽　　　　C. 中间芽　　　　D. 盲芽

3.(2016 年)人行道上栽植的行道树,其分枝点高度一般不低于(　　)。
　　A.1.5 m　　　　B.2.5 m　　　　C.3.5 m　　　　D.4.5 m

4.(2016 年)用锋利的刀在芽的上方 1～3 cm 横切并深达木质部的修剪方法称为(　　)。
　　A. 环状剥皮　　　B. 刻伤　　　　C. 扭梢　　　　D. 折梢

5.(2016 年)将枝条从分枝点的基部剪去的修剪方法称为(　　)。
　　A. 短截　　　　B. 疏剪　　　　C. 刻芽　　　　D. 缓放

6.(2017 年)同一枝条上不同部位的芽存在着大小、饱满程度的差异称为(　　)。
　　A. 芽的异质性　　B. 芽的早熟性　　C. 芽的晚熟性　　D. 芽的潜伏性

7.(2017 年)在萌发期未萌发,当枝条受到某种刺激后再萌发的芽,称为(　　)。
　　A. 潜伏芽　　　　B. 花芽　　　　C. 叶芽　　　　D. 中间芽

8.(2017 年)将多年生枝条的一部分剪掉,称为(　　)。
　　A. 摘心　　　　B. 疏剪　　　　C. 短截　　　　D. 回缩

9.(2017 年)植物修剪的剪口上端与剪口芽的距离是(　　)。
　　A.0.5 cm　　　　B.1.0 cm　　　　C.1.5 cm　　　　D.2.0 cm

10.(2018 年)园林植物修剪不能达到的效果是(　　)。
　　A. 调节树姿　　　B. 改良品种　　　C. 改善通风　　　D. 健壮树势

11.(2018 年)下列植物适宜修剪为圆球形的是(　　)。
　　A. 雪松　　　　B. 水杉　　　　C. 海桐　　　　D. 银杏

12.(2018 年)把主干或粗大的主枝锯断的修剪措施称为(　　)。
　　A. 截干　　　　B. 短截　　　　C. 疏剪　　　　D. 短剪

13.(2018 年)对行道树进行整形修剪,其枝下高不宜低于(　　)。
　　A.1.0 m　　　　B.1.5 m　　　　C.2.0 m　　　　D.2.5 m

14.(2019 年)园林树木地上部与地下部交界处称为(　　)。
　　A. 树根　　　　B. 根颈　　　　C. 主干　　　　D. 树冠

15.(2019 年)下列适合采用"三主六杈十二枝"杯状造型的树木是(　　)。
　　A. 银杏　　　　B. 水杉　　　　C. 雪松　　　　D. 悬铃木

16.(2019 年)矮篱的控制高度一般为(　　)。
　　A.160 cm 以上　　B.120～160 cm　　C.50～120 cm　　D.50 cm 以下

17.(2020 年)下列图片中,属于互生芽序的是(　　)。

A.　　　　　B.　　　　　C.　　　　　D.

18.(2020 年)多个枝条自同一节处,同时向四周放射状伸展,这种枝条称为(　　)。
　　A. 平行枝　　　B. 交叉枝　　　C. 轮生枝　　　D. 重叠枝

19.(2020 年)下列植物中,整形修剪时须保留中心干的是(　　)。

    A. 火棘   B. 小叶女贞   C. 大叶黄杨   D. 银杏

20.(2021 年)只长叶不开花的一年生枝称为(　　)。

    A. 生长枝   B. 多年枝   C. 开花枝   D. 结果枝

21.(2021 年)整形修剪时从枝条的基部将枝条剪掉,这种修剪方式称为(　　)。

    A. 缓放   B. 疏剪   C. 短截   D. 截干

22.(2021 年)在休眠期对石榴进行修剪应注意保留的是(　　)。

    A. 病枝   B. 徒长枝   C. 短枝   D. 萌蘖枝

二、判断题

1.(2016 年)单芽是指一个节位上着生 2 个或 2 个以上的芽。　　　　　　　　(　　)

2.(2016 年)只能长枝叶的芽叫花芽。　　　　　　　　　　　　　　　　　　(　　)

3.(2016 年)修剪时可以撕裂树皮,折枝断枝。　　　　　　　　　　　　　　(　　)

4.(2016 年)抹芽是将树木主干、主枝基部或大枝伤口附近不必要的嫩芽抹除。(　　)

5.(2017 年)既能开花又能长枝叶的芽称为混合芽。　　　　　　　　　　　　(　　)

6.(2017 年)园林树木的年生长周期呈顺序性和重演性的变化。　　　　　　　(　　)

7.(2017 年)刻伤是指用刀在芽的上方横切至枝条的韧皮部。　　　　　　　　(　　)

8.(2017 年)除蘖是将植物基部新抽生的不必要的萌蘖剪除。　　　　　　　　(　　)

9.(2018 年)一般乔木具有较强的顶端优势,去掉顶芽可促使下部腋芽萌发。　(　　)

10.(2018 年)园林植物修剪在休眠期、生长期均可进行。　　　　　　　　　　(　　)

11.(2018 年)大叶黄杨萌芽发枝能力强,耐修剪。　　　　　　　　　　　　　(　　)

12.(2019 年)花灌木修剪时应注意培养丛生而均衡的主枝。　　　　　　　　　(　　)

13.(2019 年)行道树枝下高应在 2.5 m 以上。　　　　　　　　　　　　　　　(　　)

14.(2020 年)一株生长正常的树木,主要由树根、枝干和树叶组成。　　　　　(　　)

15.(2020 年)芽序是指芽在枝上按一定顺序规律排列。　　　　　　　　　　　(　　)

16.(2021 年)芽鳞痕是指芽鳞脱落留下的痕迹。　　　　　　　　　　　　　　(　　)

17.(2021 年)树枝修剪创面长期暴露可导致腐烂,应进行创面保护。　　　　　(　　)

18.(2021 年)藤本植物常采用杯状形整形修剪。　　　　　　　　　　　　　　(　　)

三、问答题

1.(2016 年)大枝锯截的"三锯法"步骤是什么?

2.(2019 年、2021 年)园林植物生长期整形修剪的方法有哪些?

3.(2020 年)藤本类植物整形修剪的形式有哪些?

习题练习

一、单项选择题

1.从一个节或芽中,长出两枝或多枝的枝条称为(　　)。

A. 平行枝　　　　　　B. 重叠枝　　　　　　C. 并生枝　　　　　　D. 交叉枝

2. 下列植物分枝方式属于总状分枝的是(　　　)。

A. 桃树　　　　　　　B. 柳树　　　　　　　C. 银杏　　　　　　　D. 榆树

3. 对抗寒能力差的树种,修剪的适宜时期是(　　　)。

A. 早春　　　　　　　B. 夏季　　　　　　　C. 秋季　　　　　　　D. 冬季

4. 对于伤流较重的树种,适宜的修剪时期是(　　　)。

A. 落叶后到入冬前　　　　　　　　　B. 入冬后到萌发前

C. 萌发后到生长盛期　　　　　　　　D. 生长盛期到落叶前

5. 留 1 个强大的中心干,在其上配列疏散的主枝,形成高大树冠的整形方式为(　　　)。

A. 杯状形　　　　B. 自然开心形　　　　C. 中央心干形　　　　D. 灌丛形

6. 留 2 ~ 4 个中心干,于其上配列侧生的主枝,形成均整树冠的整形方式为(　　　)。

A. 自然开心形　　　B. 中央心干形　　　C. 多中心干形　　　D. 灌丛形

7. 下列适合采用中心干形整形修剪的树木是(　　　)。

A. 迎春　　　　　　　B. 连翘　　　　　　　C. 火棘　　　　　　　D. 白玉兰

8. 剪去一年生枝条的一部分,被称为(　　　)。

A. 疏剪　　　　　　　B. 截干　　　　　　　C. 短截　　　　　　　D. 回缩

9. 多用于延长长势或培养骨干枝,这种短截方式称为(　　　)。

A. 轻短截　　　　　　B. 中短截　　　　　　C. 重短截　　　　　　D. 极重短截

10. 对于 1 年生枝条短截 1/3 ~ 1/2 部分称为(　　　)。

A. 轻短截　　　　　　B. 中疏　　　　　　　C. 中短截　　　　　　D. 重短截

11. 轻疏的疏枝量占全树的(　　　)。

A. 10% 以下　　　B. 10% ~ 20%　　　C. 20% 以上　　　　　D. 50%

12. 下列植物萌芽力、成枝力强,可以多疏枝的植物是(　　　)。

A. 柳树　　　　　　　B. 马尾松　　　　　　C. 油松　　　　　　　D. 雪松

13. 改变枝条生长方向,缓和枝条生长势的方法,称为(　　　)。

A. 扭梢　　　　　　　B. 刻芽　　　　　　　C. 疏梢　　　　　　　D. 抹芽

14. 环剥的宽度不宜超过所剥枝直径的(　　　)。

A. 1/10　　　　　　　B. 1/5　　　　　　　C. 1/3　　　　　　　D. 1/2

15. 大枝锯截常采用的方法是(　　　)。

A. "一锯法"　　　B. "两锯法"　　　C. "三锯法"　　　　D. "四锯法"

16. 水杉作行道树时,常采用的整形修剪形式是(　　　)。

A. 自然式　　　　　　B. 杯状形　　　　　　C. 伞形　　　　　　　D. 开心形

17. 多采用整形式自然修剪的绿篱是(　　　)。

A. 绿墙　　　　　　　B. 高篱　　　　　　　C. 中篱　　　　　　　D. 花篱

18. 合理地修剪整形,能调节(　　　)。

A. 主干生长与主枝生长的关系　　　　B. 营养生长与生殖生长的关系

C. 主枝生长与侧枝生长的关系　　　　D. 根部生长与茎部生长的关系

19. 主要应用于多年生枝的更新复壮修建方法是(　　　)。

A. 短截 　　　　　B. 疏剪 　　　　　C. 回缩 　　　　　D. 缓放

20. 适宜于道路上方没有架空管线的行道树的整形修剪形式为(　　　)。

　　A. 自然式 　　　　B. 杯状形 　　　　C. 开心形 　　　　D. 伞形

21. 适宜于道路上方有架空管线等障碍物的行道树的整形修剪形式为(　　　)。

　　A. 自然式 　　　　B. 杯状形 　　　　C. 开心形 　　　　D. 伞形

22. 冬季严寒的地方,修剪后伤口易受冻害,修剪的适宜时期是(　　　)。

　　A. 夏季 　　　　　B. 秋季 　　　　　C. 冬季 　　　　　D. 早春

二、判断题

1. 摘心和剪梢能控制新梢延长生长,促发分枝,增加枝量。　　　　　　　　　(　　)

2. 所有树木都有主干和中心干两部分。　　　　　　　　　　　　　　　　　(　　)

3. 着生在主干或中心干上的永久性大枝叫侧枝。　　　　　　　　　　　　　(　　)

4. 修剪能调节水分、养分的分配供应,因此,修剪后就不用施肥和灌水了。　　(　　)

5. 修剪有利于病虫害的防治。　　　　　　　　　　　　　　　　　　　　　(　　)

6. 短截又称为短剪,是指对二年生或二年生以上的枝条进行剪截。　　　　　(　　)

7. 刻芽在实际应用中,一般粗枝、壮枝多刻,中庸枝少刻,细弱枝不刻。　　　(　　)

8. 环剥只能用于旺树、旺枝。　　　　　　　　　　　　　　　　　　　　　(　　)

9. 杯状形适宜于有架空管线等障碍物的道路环境的行道树修剪。　　　　　　(　　)

10. 银杏树萌蘖性强,作为行道树栽植时,应全冠栽植。　　　　　　　　　　(　　)

11. 夏季开花的树种,应在花后及时修剪,避免养分消耗,促使翌年多开花。　(　　)

12. 可将绿篱树干截去 1/3 以上,促使基部枝叶生长,萌发更多侧枝。　　　　(　　)

13. 与保留枝条生长方向一致且垂直距离较近、相互影响的枝条称为重叠枝。　(　　)

14. 当植物被修剪或受损时,会顺着伤口流出液体的树木称为伤流树。　　　　(　　)

15. 通过整形修剪,可控制植株一定高度与形体。　　　　　　　　　　　　　(　　)

16. 整形修剪可协调树木冠幅和高度的比例。　　　　　　　　　　　　　　　(　　)

17. 整形修剪可以改善树冠内通风透光条件,增强园林植物抵抗力,减少病虫危害。

　　　　　　　　　　　　　　　　　　　　　　　　　　　　　　　　　　(　　)

三、问答题

1. 园林植物休眠期整形修剪的方法有哪些?

2. 地被植物在园林中的配置方式有哪些?

3. 园林植物整形修剪的原则有哪些?

第四单元　园林植物的养护技术

考点分析

1. 掌握土壤的改良技术。

2. 理解施肥的作用及合理施肥的原则。

3. 掌握施肥的方法。

4. 掌握灌溉的方式与方法。

5. 掌握化学除草剂的使用方法。

6. 了解病害发生过程和侵染循环。

7. 理解害虫的种类及其生活习性。

8. 掌握病虫害的防治原则和措施。

9. 掌握古树名木的概念。

10. 了解保护古树名木的意义。

11. 了解古树衰老的原因。

12. 掌握古树名木的养护管理措施。

题型与分值

题型	2016 年	2017 年	2018 年	2019 年	2020 年	2021 年
单项选择题	16 分	12 分	9 分	12 分	12 分	12 分
判断题	18 分	14 分	9 分	9 分	12 分	9 分
简答题	5 分	10 分	10 分	—	—	—

相关知识

一、园林植物的土壤管理

(一)土壤管理措施★

(1)松土	松土作用:改善土壤板结状况,增加土壤的透气性、提高早春的地温、减少土壤深层水分的蒸发等。 松土范围:树冠投影外 1 m 以内至投影半径的 1/2 以外的环状范围。 松土深度:乔木深度为 5～10 cm,灌木、草本植物为 5 cm 左右。 松土时间:一般在晴天进行,也可在雨后 1～2 d 进行。 松土次数:乔木、大灌木可每年一次,小灌木、草本植物一年 2～3 次。 松土方式:多结合除草或施肥进行
(2)地面覆盖	覆盖作用:减少土壤水分蒸发、减少地表径流、增加土壤有机质、调节土壤温度、控制杂草生长、增加景观观赏性等。 覆盖材料:加工过的树皮、树枝、树叶、割取的杂草等。 覆盖厚度:以 3～6 cm 为宜。 覆盖地被:麦冬、酢浆草、葱兰、鸢尾类、玉簪类、石竹类和萱草等

续表

(3)土壤改良	采用物理的、化学的以及生物的方法,改善土壤结构和理化性质,提高土壤肥力,为园林植物根系的生长发育创造良好的条件	
(4)客土	从异地取适宜植物生长的土壤填入植株根群周围,改善植株根际土壤环境,以提高移栽成活率或改善植株生长状况	
(5)培土	培土作用:增厚土层、保护根颈、改良土壤结构、提升土壤肥力等。 培土厚度:一般为 5 ~ 10 cm	

(二)土壤改良★★★★★

深翻熟化	深翻作用	增加土壤孔隙度、改善理化性状、促进微生物的活动、使难溶性营养物质转化为可溶性养分,提高了土壤肥力
	深翻时期	①秋末,土壤冻结前。 ②早春,土壤解冻后
	深翻次数	①黏土、涝洼地:每 1 ~ 2 年深翻耕一次。 ②砂壤土、地下水位低:每 3 ~ 4 年深翻耕一次
	深翻深度	与土壤结构、土质状况以及树种特性等有关。土层薄、黏重、地下水位低、深根性树种,深翻 50 ~ 70 cm。反之,则适当浅些
	深翻方式	①树盘深翻:适于孤植树和株间距大、周围没有铺装的行道树。 ②行间深翻:两排树木的行中间,挖取一条长条形深沟。 ③全面深翻:将栽植穴以外的土壤一次深翻完毕。 ④种植穴深翻:根据根系伸展情况,从种植穴向外逐年扩穴深翻
化学改良	施肥改良	以施用堆肥、厩肥等有机肥为主。 注:有机肥需充分腐熟,未腐熟的有机肥容易损伤树根
	土壤酸碱度调节	①土壤酸化:对偏碱性土壤,施用腐熟有机肥料、生理酸性肥料、硫黄、明矾等释酸物质进行调节。 ②土壤碱化:对偏酸性土壤,向土壤中施加石灰、草木灰等碱性物质,但以石灰应用较普遍
疏松剂改良		常用疏松剂有泥炭、锯末粉、谷糠、腐叶土、腐殖土、家畜厩肥等。※在使用前,务必让有机质充分腐熟
生物改良	植物改良	有计划地种植草本地被植物,并在其营养体达到最大量时,将其耕翻入土,以达到改良土壤的目的。最好选择豆科植物,因为多数豆科植物都伴有固氮根瘤菌,有利于加速土壤熟化
	动物改良	土壤大量的昆虫、原生动物、线虫、软体动物、节肢动物、细菌、真菌、放线菌等,对土壤改良具有积极意义

二、园林植物的营养管理

(一)施肥的意义和作用★★

①供给园林植物生长所必需的养分
②改良土壤性质。特别是施用有机肥料,可改善土壤结构,提高土壤的透水、通气和保水性能,有利于园林植物根系生长
③为土壤微生物的繁殖与活动创造有利条件,进而促进肥料分解,使土壤盐类成为可吸收状态,有利于园林植物的吸收

(二)合理施肥的原则★★

(1)掌握园林植物不同物候期的需肥特性	①根系生长期(早春和初秋):施一定数量的磷肥。 ②抽枝发叶期:多施氮肥。 ③花芽分化期:控制氮肥,多施磷肥。 ④开花期与结果期:多施磷、钾肥
(2)掌握不同园林植物需肥期的差异性	①前期生长型:黑松、银杏等,冬季落叶后至春季萌芽前,施用堆肥、厩肥等腐熟有机肥料。 ②全期生长型:雪松、杨柳等,休眠期施腐熟有机质作基肥。 ③早春开花乔灌木:碧桃、海棠、迎春、连翘等,休眠期施肥,花芽形成期,改施磷肥,花后追施氮肥。 ④一年中多次抽梢、多次开花的灌木:紫薇、木槿、月季等,每次开花后及时补充氮、磷肥
(3)掌握园林植物吸收营养与外界环境的关系	①光合作用强→吸肥量多,光合作用弱→吸肥量慢。 ②土壤通气不良、温度不适→影响根系吸收和利用。 ③水分亏缺→不能吸收且有害,积水→影响根系吸收。 ④酸性→利于阴离子吸收,碱性,利于阳离子吸收。 ※土壤酸碱既影响植物根系吸收,还影响某些物质的溶解度
(4)掌握肥料的性质	①速效肥,易挥发流失→需肥前施;迟效肥→提前施用。 ②春季,生长前期→氮肥;秋季,生长后期→磷钾肥

(三)施肥的方法★★★★★

(1)土壤施肥(基肥) 多用缓效性有机肥	环状沟施	沿树冠正投影线外缘,开挖30~40 cm宽的环状沟,沟深20~50 cm,将肥料施入沟内,可保证树木根系吸肥均匀。适用于青、壮龄树	
	放射状沟施	以树干为中心,距树干不远处开始,由浅而深挖4~6条分布均匀呈放射状的沟,沟长稍超出树冠正投影的外缘。适于壮、老龄树	

续表

(1)土壤施肥（基肥）多用缓效性有机肥	穴施	在树冠投影的外缘挖数个分布均匀的树穴,将肥施入。对壮龄前的苗木适用	
(2)追肥多用速效性肥料	土壤追肥	深度:10 cm 以下,以无机肥为主。 方式:撒施、条施、穴施、浇灌	—
	根外追肥	一般用无机肥料,稀释后用喷雾器喷施于树叶背面。严格掌握肥液的浓度,大都在 0.1% ~ 0.3%。也可结合除虫打药,注意肥料与农药的匹配性	—
注意事项	①有机肥料要充分发酵、腐熟;化肥必须完全粉碎成粉状。 ②施肥后(尤其是追化肥)必须及时适量灌水,使肥料渗透入,否则易造成土壤溶液浓度过大,对根系不利。 ③根外追肥,注意使用浓度不能过高,最好于阴天或晴天傍晚喷施。 ④在施肥时应考虑到市容与卫生方面的问题,追肥一般用化肥或菌肥,不用人畜粪等有机肥。 ⑤有些肥不可混合用,如人尿粪与石灰、草木灰;铵态氮肥与碱性肥料		

三、园林植物的水分管理

(一)灌溉★★★

灌溉时期	(1)根据当时、当地的天气、土壤等环境条件因素: 北方冬季→入冬前灌溉;南方雨季→减少灌溉且做好排涝。 (2)根据园林植物物候期要求: 生长初期、速生期→加强灌溉;入秋后→减少灌溉。 (3)一天内的灌溉时间:最好是清晨 冬季→中午前后;夏季→清晨或傍晚(上午9时前下午4时后)
灌溉量及灌溉次数	(1)根据园林植物类型、种类: 一二年草本花卉/球根花卉多于宿根花卉; 草本花卉多于木本植物; 花灌木多于一般树种; 不耐旱的植物多于耐旱植物。 (2)根据园林植物年限及生长发育时期: 新植苗木应连续灌水三次 第一次:栽后;第二次:3 d 后;第三次:5 ~ 6 d 后。 (3)根据土壤质地、性质: 质地轻松→多次灌溉;质地黏重→间歇灌溉; 盐碱地→每次少灌;砂壤土→一次灌透。 (4)根据天气状况: 春季干旱少雨→大量灌溉;夏季多雨→少浇或不浇; 晴天风大时比阴天无风多浇。 基本原则:保证植物根系集中分布层处于湿润状态,即根系分布范围内的土壤湿度达到田间最大持水量70%左右

续表

★灌溉的方式与方法	(1)单株灌溉	适用于株行距较大的树木,需先做土堰
	(2)漫灌	适用于平坦的群植、片林、草地、花坛,耗水较多
	(3)沟灌	适用于列植的绿篱或宽行距花卉
	(4)喷灌	适用于草坪、花坛、运动场等,省水、省工、效率高
	(5)滴灌	滴灌更加节水,但一次性投入较大,对水质的要求较高
灌溉用水	宜用软水,尽量避免使用硬水。自来水、不含碱质的井水、河水、湖水、池塘水、雨水都可用作灌溉水,切忌使用被废水、污水污染的水	
注意事项	①要适时适量灌溉,遵循"见干见湿"的原则。 ②干旱时追肥应结合灌水。 ③生长后期适时停止灌水。除特殊情况外,9月中旬后应停止灌水。 ④灌溉宜在早晨或傍晚进行。 ⑤注意灌溉水质。 ⑥用于喷灌、滴灌的水源,不应含有杂质,以免堵塞喷头或滴头	

(二)排水★★

(1)明沟排水	在园内或树旁开沟,关键是做好全园排水系统,使多余的水有个总出口
(2)暗沟排水	事先在地下设暗管等,费用高、应用少
(3)地面排水	最常用,需地形精心设计安排

四、杂草防除

(一)除草的原则和方法★

| 除草的原则 | "除早、除了、除小" |
| 除草的方法 | 人工除草:对已建成的园林绿地适用。
化学除草:对面积较大、杂草单一的园林绿地,或在园林绿地建植前 |

(二)化学除草剂的分类★★

分类依据	类别	作用方式	特征	代表试剂
按除草的作用方式	选择性除草剂	对某一类植物有伤害	只杀一年生杂草	西玛津、阿特拉津
			只杀阔叶杂草	2,4～D
	灭生性除草剂		杀死所有植物,没有选择能力 主要在栽植前或出苗前使用	草甘膦、克无踪

续表

分类依据	类别	作用方式	特征	代表试剂
按在植物体内传导方式	触杀性除草剂	只起局部作用,不在植物体内传导		克无踪、除草醚
	内吸性除草剂	可在植物体内传导	同时被根、茎、叶吸收	2,4~D
			被叶吸收,运输到根、茎	草甘膦、茅草枯
			被根吸收,移动到茎、叶	氟乐灵、阿特拉津
按除草剂施药时间	苗前处理剂	通过土壤处理被幼芽和根吸收而杀死杂草		氟乐灵、施田补
	苗后处理剂	通过茎叶喷雾处理并被其吸收而杀死杂草		草甘膦、克无踪、高效盖草能
	苗前兼苗后处理剂	能同时被根、茎、叶吸收		2,4~D. 二氯喹啉酸、阿特拉津

(三)化学除草剂的使用方法★★★★★

叶面处理	将除草剂溶液直接喷洒在杂草植株上。 可以在播种前或出苗前应用,出苗之后处理需对苗木进行保护
土壤处理	将除草剂施于土壤中(药土、喷浇),一般在播种之前处理。 多选用广谱性选择除草剂,处理时要考虑药剂的淋溶和除草剂的残效期
注意事项	①要选择合适的除草剂。根据主要防除对象来选择。 ②要严格掌握使用浓度。在有效范围内尽量降低浓度。 ③要选择合适的施药方法。根据剂型来选择。 ④要选择合适的施药时间。气温高、晴朗无风的天气。 ⑤要做好施药人员的安全防护,防止中毒。 ⑥要做好除草剂的保管、保存。 ⑦要做好植物的保护,防止药害

五、园林植物病虫害防治

(一)病害的发生过程和侵染循环★★★

病害发生过程	(1)侵入期	病原菌从接触植物侵入到植物体内开始营养生长时期。 注:病原菌生活中的薄弱环节,防治的最佳时期
	(2)潜育期	病原菌与寄主建立寄生关系起到症状出现为止。 注:可通过一些措施抑制、减轻病害发生程度
	(3)发病期	病害症状出现时起到停止发展为止。 注:已较难防治,须加大防治力度

续表

侵染循环	(1)越冬越夏	病原菌种类不同,越冬或越夏场所和方式也不同。 注:应有针对性地采取措施加以防治
	(2)传播	传播途径主要有空气、水、土壤、种子、昆虫等。 注:了解其传播方式,切断其传播途径,达到防治的目的
	(3)初侵染	在一个生长季里受到病原菌的第一次侵染。 注:可通过消灭初侵染的病菌来源或切断侵入途径来防止
	(4)再侵染	同一个季节内病原菌再次侵染寄主植物。 注:必须根据再侵染的次数和特点,重复进行防治

(二)害虫的种类和生活习性★★★

害虫种类	咀嚼式口器	造成植物产生缺刻、蛀孔、枯心、枝叶折断、植物各器官损伤或死亡等症状	蛾类幼虫、金龟子成虫等用胃毒剂、触杀剂防治
	刺吸式口器	受害部位常常出现各种斑点或引起变色、皱缩、卷曲、畸形、虫瘿等症状	蚜虫、红蜘蛛、介壳虫、蓟马等用内吸剂防治
	注:无论是咀嚼式口器还是刺吸式口器在植物体上造成的伤口,都有可能成为病害侵染的入口		
生活习性	(1)食性	根据取食的植物种类多寡:单食性、寡食性、多食性。 注:根据食性来考虑防治范围	
	(2)趋性	害虫趋向或逃避某种刺激因子的习性:趋光性、趋化性。 注:利用灯光诱杀具有趋光性的害虫	
	(3)假死性	害虫受到刺激或惊吓时,立即从植株上掉下来暂时不动的现象。 注:可采取震落捕杀方式加以防治	
	(4)群集性	害虫群集生活共同危害植物的习性,一般幼虫时期有该特性。 注:该时期进行化学防治或人工防治将能达到很好的效果	
	(5)休眠	在不良环境下,虫体暂时停止发育的现象。 注:害虫的休眠有特定的场所,可集中力量在该时期加以消灭	

(三)病虫害防治的原则和措施★★★★★

1.防治原则

预防为主,综合防治。

2.防治措施

(1)栽培防治法	选用抗病的优良品种	培育抗病虫品种
	选用无病健康苗	脱毒苗
	轮作	使病原菌和害虫得不到合适的寄主
	改变栽植时期	避开病虫害发生的旺季
	肥水管理	增施磷、钾肥,合理灌溉
	中耕除草	增加抵抗能力,消灭地下害虫
	整形修剪	改善通风透光,除去病虫害枝
(2)物理机械防治法	人工或机械的方法	人工捕杀,人工摘除病叶等
	诱杀	黑光灯诱虫、黄板诱蚜等
	热力处理法	温水浸种、熏土、变温土壤消毒
(3)生物防治法	以菌治病	"五四〇六"菌肥
	以菌治虫	青虫菌、白僵菌
	以虫治虫或以鸟治虫	草蛉捕食蚜虫、益鸟防治害虫
	生物工程	将有毒基因导入根系附近的细菌内
(4)化学防治法	杀虫剂。分为胃毒剂、触杀剂、熏蒸剂和内吸剂	敌百虫、敌敌畏、乐果、氧化乐果、三氯杀螨砜、杀虫脒等
	杀菌剂。分为保护剂和内吸剂	波尔多液、石硫合剂、多菌灵、粉锈灵、托布津、百菌清等
(5)植物检疫	对内检疫	产地检验为主,道路关卡检验为辅
	对外检疫	进口检疫、出口检疫、过境检疫等

六、古树名木养护

(一)古树名木的概念★★★★★

古树	是指树龄100年以上的树木。 一级古树:树龄500年以上的树木。 二级古树:树龄300年以上不满500年的树木。 三级古树:树龄100年以上不满300年的树木
名木	是指在历史上或社会上有重大影响的中外历代名人、领袖人物所植或者具有极其重要的历史、文化价值、纪念意义的树木

（二）保护古树名木的意义

①古树名木是历史的见证
②古树名木是文化艺术珍品
③古树名木是独特的园林景观
④古树名木是研究古自然史的重要资料
⑤古树名木是树种规划的重要参考

（三）古树衰老的原因★★

古树生存年代久远,自然要进入衰老阶段	内因
①土壤密实度过高	外因
②树干周围铺装面过大	
③根部的营养不足	
④人为的损害	

（四）古树名木的养护管理措施★★★★★

①保持原有的生态环境	不随意迁移,不在其周围取土,倒废土、垃圾及污水
②保持土壤的通透性	中耕松土、深翻施肥,改善土壤的透气透水性
③加强肥水管理	土壤施肥或根外追肥,及时补充营养
④防治病虫害	及时组织防治天牛、白蚁、红蜘蛛、蚜虫等害虫
⑤补洞治伤	刮去腐木,消毒、防腐,用水泥黄沙填补
⑥设置避雷针	高大的古树应设置避雷针
⑦支架支撑	主干中空、树冠失衡,需用他物支撑
⑧设围栏、堆土、筑台	筑高 50 cm 左右的高台,即可起保护作用
⑨整形修剪	将弱枝进行缩剪或锯去枯死枝,利于促发新技

真题演练

一、单项选择题

1. （2016 年）可作根外追肥施用的肥料是（　　　　）。
　　A. 化肥　　　　　　B. 人畜粪　　　　　　C. 堆肥　　　　　　D. 厩肥
2. （2016 年）在树木种植穴的外侧筑堰,灌水至满,让水慢慢向下渗透的灌溉方法被称为
（　　　）。
　　A. 单株灌溉　　　　B. 喷灌　　　　　　C. 沟灌　　　　　　D. 漫灌

3.(2016年)利用螳螂、草蛉、食蚜蝇等来消灭害虫的防治措施属于(　　)。

　　A.以鸟治虫　　　　B.以虫治虫　　　　C.以菌治虫　　　　D.化学防治

4.(2016年)根外追肥通常将肥液浓度控制在(　　)。

　　A.0.1%~0.3%　　B.0.5%~0.7%　　C.1.1%~1.3%　　D.1.5%~1.7%

5.(2016年)用草绳缠绕树干的防寒措施被称为(　　)。

　　A.裹干　　　　　　B.设风障　　　　　C.施抗冻剂　　　　D.覆土

6.(2016年)古树名木的树龄为(　　)。

　　A.10~20年　　　　B.30~50年　　　　C.60~80年　　　　D.100年以上

7.(2017年)孤植树最适合的灌溉方式是(　　)。

　　A.单株灌溉　　　　B.喷灌　　　　　　C.沟灌　　　　　　D.漫灌

8.(2017年)被列为一级保护的古树名木,树龄为(　　)。

　　A.100年以下　　　B.100~200年　　　C.300~500年　　　D.500年以上

9.(2018年)高尔夫球场草坪最适宜的灌溉方式是(　　)。

　　A.沟灌　　　　　　B.喷灌　　　　　　C.漫灌　　　　　　D.滴灌

10.(2018年)下列不能用于园林植物灌溉的是(　　)。

　　A.河水　　　　　　B.湖水　　　　　　C.井水　　　　　　D.工业废水

11.(2018年)下列不能用于土壤疏松的是(　　)。

　　A.锯末粉　　　　　B.泥炭　　　　　　C.除草剂　　　　　D.谷糠

12.(2019年)将尿素配成溶液来喷洒植物枝叶的施肥方法属于(　　)。

　　A.环状沟施肥　　　B.放射沟施肥　　　C.穴状施肥　　　　D.根外追肥

13.(2019年)草坪最适合的灌溉方式是(　　)。

　　A.滴灌　　　　　　B.漫灌　　　　　　C.沟灌　　　　　　D.喷灌

14.(2019年)防治植物病害的最佳时期是(　　)。

　　A.接触期　　　　　B.侵入期　　　　　C.潜育期　　　　　D.发病期

15.(2019年)采用灌溉驱除地下害虫的防治措施属于(　　)。

　　A.栽培防治法　　　B.生物防治法　　　C.化学防治法　　　D.植物检疫

16.(2020年)松土不能达到的效果是(　　)。

　　A.增加透气性　　　　　　　　　　　　B.改良品种

　　C.减少土壤深层水分蒸发　　　　　　　D.提高早春地温

17.(2020年)下列能使土壤碱化的物质是(　　)。

　　A.硫磺　　　　　　B.明矾　　　　　　C.有机肥　　　　　D.草木灰

18.(2020年)下列不属于基肥施用方法的是(　　)。

　　A.叶面喷施　　　　B.放射状沟施　　　C.穴施　　　　　　D.环状沟施

19.(2020年)城市行道树的灌溉方式最宜采用(　　)。

　　A.漫灌　　　　　　B.沟灌　　　　　　C.单株灌溉　　　　D.喷灌

20.(2021年)下列不属于土壤疏松剂的是(　　)。

　　A.泥炭　　　　　　B.谷糠　　　　　　C.化肥　　　　　　D.厩肥

21.(2021年)环状沟施肥沟深一般为(　　)。

　　A.20~50 cm　　　B.60~90 cm　　　C.100~130 cm　　D.140~170 cm

22.(2021年)下列不属于咀嚼式口器的害虫是(　　)。

A. 蚜虫　　　　　　B. 天牛　　　　　　C. 蝗虫　　　　　　D. 金龟子成虫

23.(2021 年)下列最节水的灌溉方式是(　　　　)。

A. 滴灌　　　　　　B. 漫灌　　　　　　C. 沟灌　　　　　　D. 喷灌

二、判断题

1.(2016 年)除草要掌握"除早,除小,除了"的原则。　　　　　　　　　　　　(　　)

2.(2016 年)对引进或输出的植物材料及产品必须经过全面检疫。　　　　　　(　　)

3.(2016 年)植物在花芽分化期、开花期与结果期应多施氮肥。　　　　　　　(　　)

4.(2016 年)古树名木均应在调查的基础上加以分级,编辑建档,并设立永久性标牌。

(　　)

5.(2017 年)不同园林植物种类对营养元素的种类要求和施用时期各不相同。　(　　)

6.(2017 年)花灌木在花芽分化前要控制磷肥,增施氮肥。　　　　　　　　　(　　)

7.(2017 年)园林植物松土深度一般为 5 ~ 10 cm。　　　　　　　　　　　　(　　)

8.(2017 年)埋设树木枝条可以对古树根系进行更新复壮。　　　　　　　　　(　　)

9.(2017 年)任何树木都会经历生长、发育、衰老、死亡等过程。　　　　　　(　　)

10.(2018 年)雨水不能用于园林植物的灌溉。　　　　　　　　　　　　　　　(　　)

11.(2018 年)豆科植物伴有固氮根瘤菌,可以用于土壤改良。　　　　　　　　(　　)

12.(2018 年)土壤水分不会影响植物对养分的吸收和利用。　　　　　　　　　(　　)

13.(2019 年)土壤深翻可以使"生土"变"熟土","熟土"变"肥土"。　　　　(　　)

14.(2019 年)对偏酸的土壤可以施加石灰提高土壤的 pH 值。　　　　　　　　(　　)

15.(2019 年)病虫害防治的原则是"预防为主,综合防治"。　　　　　　　　　(　　)

16.(2019 年)高大的古树应设置避雷针,以免雷击。　　　　　　　　　　　　(　　)

17.(2020 年)松土一般在晴天进行,也可在雨后 1 ~ 2 天进行。　　　　　　　(　　)

18.(2020 年)为提高观赏性,园林植物栽植穴表面可使用陶粒进行覆盖。　　　(　　)

19.(2020 年)黏土可每 1 ~ 2 年深翻一次。　　　　　　　　　　　　　　　　(　　)

20.(2020 年)花芽分化期,若施氮肥过多,不利于花芽分化。　　　　　　　　(　　)

21.(2021 年)化学除草剂可通过叶面处理或土壤处理来达到除草效果。　　　　(　　)

22.(2021 年)休眠是指害虫在不良环境下,虫体暂时停止活动的现象。　　　　(　　)

23.(2021 年)在古树周围构筑高台可以起保护作用。　　　　　　　　　　　　(　　)

三、问答题

1.(2017 年)园林植物养护管理的内容有哪些?

2.(2018 年)简要回答园林植物病虫害防治措施。

习题练习

一、单项选择题

1. 土壤中 pH 值过高,可用施用(　　　　)物质改良。

A. 草木灰　　　　　B. 硫磺粉　　　　　C. 石灰　　　　　　D. 砂砾

2. 植物生长过程中,土壤的作用不包括( )。
   A. 固定植株 B. 保障地温高于气温
   C. 提供水分 D. 提供植物生长所需营养

3. 土壤中 pH 值过低,可用施用( )物质改良。
   A. 石灰 B. 硫磺粉 C. 硫酸铁 D. 腐熟有机肥

4. 要根据树木的用途,采用不同的施肥方案,观叶观形树应多施( )。
   A. 磷钾肥 B. 钙镁肥 C. 氮肥 D. 钾硼肥

5. 要根据树木的用途,采用不同的施肥方案,观花观果树应多施( )。
   A. 磷钾肥 B. 钙镁肥 C. 氮肥 D. 钾硼肥

6. 下列施肥方法常选择速效肥料的是( )。
   A. 叶面喷施 B. 放射状沟施 C. 穴施 D. 环状沟施

7. 下列灌水方法中,较为节水的方法是( )。
   A. 漫灌 B. 沟灌 C. 滴灌 D. 喷灌

8. 下列灌水方法中,较为耗水的方法是( )。
   A. 漫灌 B. 单株灌溉 C. 喷灌 D. 沟灌

9. 下列能同时被根、茎、叶吸收的除草剂是( )。
   A. 氟乐灵 B. 草甘膦 C. 2,4～D D. 敌草隆

10. 下列不属于生物防治的方法是( )。
    A. 黑光灯诱虫 B. 以鸟治虫 C. 以菌治虫 D. 以菌治病

11. 采用整形修剪防治病虫害的措施属于( )。
    A. 栽培防治法 B. 生物防治法 C. 化学防治法 D. 物理防治法

12. 在树冠投影边缘附近挖环状深沟,有利于树木根系向外扩展的方式属于( )。
    A. 树盘深翻 B. 行间深翻 C. 全面深翻 D. 种植穴深翻

13. 豆科植物都伴有固氮根瘤菌,有利于加速土壤熟化,此种改良方式属于( )。
    A. 土壤酸化 B. 土壤碱化 C. 植物改良 D. 动物改良

14. 下列属于迟效性肥料的是( )。
    A. 尿素 B. 有机肥料 C. 碳酸氢氨 D. 过磷酸钙

15. 适用于地势平坦的群植、片植的树木、草地及各种花坛的灌溉方式是( )。
    A. 单株灌溉 B. 漫灌 C. 沟灌 D. 喷灌

16. 适用于城区行道树的灌溉方式是( )。
    A. 单株灌溉 B. 漫灌 C. 沟灌 D. 喷灌

17. 适用于标准运动场草坪的灌溉方式是( )。
    A. 单株灌溉 B. 漫灌 C. 沟灌 D. 喷灌

18. 将尿素配成溶液状喷洒在植物的枝叶上的方法,属于( )。
    A. 环状沟施法 B. 施射状沟施法 C. 穴施 D. 根外追肥

19. 下列属于非侵染性病害的病原是( )。
    A. 冻害 B. 真菌 C. 细菌 D. 线虫

20. 植物病害的病原菌容易受环境条件影响而死亡的最佳防治时期是( )。
    A. 接触期 B. 侵入期 C. 潜育期 D. 发病期

21. 为害植物后,受害部位出现变色、皱缩、卷曲等症状的害虫是( )。

    A. 蚜虫　　　　　B. 蛾类幼虫　　　　　C. 金龟子　　　　　D. 天牛

22. 为害植物后,植物产生许多缺刻、蛀孔、枯心、枝叶折断等症状的害虫是(　　　)。
    A. 蚜虫　　　　　B. 红蜘蛛　　　　　C. 介壳虫　　　　　D. 天牛

23. 害虫逃避某种刺激因子的习性叫(　　　)。
    A. 趋性　　　　　B. 休眠　　　　　C. 食性　　　　　D. 假死性

24. 害虫受到刺激或惊吓时,立即从植株上掉下来暂时不动的现象是(　　　)。
    A. 趋性　　　　　B. 休眠　　　　　C. 食性　　　　　D. 假死性

25. 在不良环境下,虫体暂时停止发育的现象是(　　　)。
    A. 趋性　　　　　B. 休眠　　　　　C. 食性　　　　　D. 假死性

26. 采用合理灌溉驱除和杀灭地下害虫的防治措施,属于(　　　)。
    A. 栽培防治法　　B. 生物防法　　　C. 化学防法　　　　D. 植物检疫

27. 利用有益生物的拮抗作用来抑制病原菌的生长发育甚至死亡的方法是(　　　)。
    A. 以菌治病　　　B. 以菌治虫　　　C. 以虫治虫　　　　D. 生物工程

28. 用紫外线、晒种、熏土、高温或变温土壤消毒等方法防治病虫害属(　　　)。
    A. 物理机械防治法　　　　　　　　B. 生物防治法
    C. 化学防治法　　　　　　　　　　D. 植物检疫

29. 综合防治的新方向是(　　　)。
    A. 以菌治病　　　B. 以菌治虫　　　C. 以虫治虫　　　　D. 生物工程

30. 下列昆虫中,能捕食蚜虫的是(　　　)。
    A. 草蛉　　　　　B. 柑橘凤蝶　　　C. 尺蠖　　　　　　D. 刺蛾

31. 下列昆虫中,能捕食紫薇绒蚧的是(　　　)。
    A. 尺蠖　　　　　B. 柑橘凤蝶　　　C. 红点唇瓢虫　　　D. 刺蛾

32. 下列昆虫中,能寄生大蓑蛾、红蜡蚧的是(　　　)。
    A. 尺蠖　　　　　B. 柑橘凤蝶　　　C. 刺蛾　　　　　　D. 伞裙追寄蝇

33. 一级古树的树龄是(　　　)。
    A. 100 年以上　　B. 100 ~ 300 年　C. 300 ~ 500 年　　D. 500 年以上

34. 二级古树的树龄是(　　　)。
    A. 100 年以上　　B. 100 ~ 300 年　C. 300 ~ 500 年　　D. 500 年以上

35. 三级古树的树龄是(　　　)。
    A. 100 年以上　　B. 100 ~ 300 年　C. 300 ~ 500 年　　D. 500 年以上

二、判断题

1. 土壤深翻可以提高土壤肥力。　　　　　　　　　　　　　　　　　　　　(　　　)
2. 用于施用的有机肥需要充分腐熟。　　　　　　　　　　　　　　　　　　(　　　)
3. 追肥以速效肥为主,基肥以迟效肥为主。　　　　　　　　　　　　　　　(　　　)
4. 叶面喷肥时,一般只喷树叶正面即可。　　　　　　　　　　　　　　　　(　　　)
5. 氮肥能促进枝叶加快生长。　　　　　　　　　　　　　　　　　　　　　(　　　)
6. 为保证植物安全越冬,在植物生长后期应停施氮肥,加施磷钾肥。　　　(　　　)
7. 施肥后必须及时适量灌水。　　　　　　　　　　　　　　　　　　　　　(　　　)
8. 质地黏重的土壤,灌溉次数要酌减。　　　　　　　　　　　　　　　　　(　　　)

9. 使用化学除草剂宜选择晴朗无风、气温较高的天气。 （　　）

10. 除草的原则是"除早、除小、除了"。 （　　）

11. 树干涂白有防冻和杀死部分越冬虫害的作用。 （　　）

12. 树龄在 300 年以上的古树为一级。 （　　）

13. 充分腐熟的堆肥、厩肥等有机肥料可以改良土壤。 （　　）

14. 未腐熟的泥炭、锯木粉、谷糠、腐殖土等疏松剂可以改良土壤。 （　　）

15. 大量的昆虫、线虫、细菌、真菌、放线菌等生物对土壤改良有积极意义。 （　　）

16. 培土是常用的一种土壤管理方法，培土厚度一般为 5～10 厘米。 （　　）

17. 花芽分化期应施以氮为主的肥料，为多开花、开好花打基础。 （　　）

18. 土壤施肥的深度应在 5～10 cm。 （　　）

19. 在树冠投影外缘，挖沟宽 30～40 cm，沟深 20～50 cm，撒入肥料，填土平沟。 （　　）

20. 以树干为中心，向外挖 4～6 条渐远渐深的沟，撒入肥料，覆土踏实。 （　　）

21. 一天内的灌溉时间最好在清晨进行。 （　　）

22. 废水、污水污染的水都可用作灌溉水。 （　　）

23. 根外追肥最好于阴天或晴天傍晚喷施。 （　　）

24. 残效期短的化学除草剂，可集中于杂草萌发旺盛期使用。 （　　）

25. 植物病虫害防治的原则是"预防为主，综合防治"。 （　　）

26. 冻害、霜害、烟害、营养不良引起同一地区有多种植物同时发生相似的症状。 （　　）

27. 病原物传播的主要途径是空气、水、土壤、种子、昆虫等。 （　　）

28. 从卵开始到成虫的一个发育周期，称为生活史。 （　　）

29. 温水（40～60 ℃）浸种可以杀死附着在种子外部及潜伏在内部的病原菌害虫。 （　　）

30. 黑光灯可以诱杀夜蛾类、螟蛾类、毒蛾类等 700 种害虫。 （　　）

三、问答题

1. 灌溉的方式与方法有哪些？

2. 害虫的生活习性有哪些？

3. 古树、名木衰老的原因是什么？

4. 古树名木的养护管理措施有哪些？

5. 园林植物的土壤管理包括哪些？

6. 土壤改良技术包括哪些？

7. 基肥的施用方法有哪些？

8. 栽培防治方法有哪些？

9. 物理机械防治法有哪些？

10. 生物防治法有哪些？

11. 保护古树名木的意义是什么？

第三部分　园林工程施工与管理

考点分析

1. 了解地形设计的概念、作用及内容。
2. 掌握园林地形设计的方法及原则。
3. 理解土方工程量的计算方法。
4. 掌握土方施工的方法。

题型与分值

题型	2016 年	2017 年	2018 年	2019 年	2020 年	2021 年
单项选择题	2 分	2 分	3 分	3 分	3 分	3 分
判断题	2 分	2 分	3 分	3 分	3 分	3 分
简答题	—	—	—	—	—	—

相关知识

一、园林地形设计

(一)地形设计的概念★★

名称	概念
地形设计	也称竖向设计,是指在一块场地上进行垂直于水平面方向的布置和处理
等高线	将地面上高程相等的相邻点连接而成的直线或曲线,是假想的"线"
地貌	高低起伏的地表形态,如山地、草原、丘陵、平地、洼地等
地物	地表面上分布的固定的物体,如各种建筑物、构筑物、桥路、江河湖泊、农田、树木等

（二）地形设计的作用★★

作用	说明
构架作用	①是构成任何景观的基本骨架。 ②是其他设计要素和使用功能布局的基础。 ③是园林基本景观的决定因素
空间作用	①具有构成不同形状、不同特点园林空间的作用。 ②园林空间的形状，是由地形因素直接制约的
造景作用	地形改造很大程度上决定园林景观
工程作用	地形因素在园林的给排水工程、绿化工程、环境生态工程和建筑工程中都起着重要作用

（三）地形设计的内容★★

内容	要点
地貌设计	①以总体设计为依据，合理确定地表起伏的形态。 ②确定各种设计要素之间的位置、形状、大小、比例关系。 ③通过特定方法将设计表达出来
水体设计	重点确定水体的水位，解决水的来源与排放问题及层次变化、景观设计
园路设计	主要确定道路（或铺装广场）的纵向坡度及变坡点高程，同时考虑平面与竖面线形
建筑设计	标明建筑及小品基址与周围环境的高程关系
排水设计	①合理划分汇水区域，正确确定径流走向。 ②排水坡度的适当设计。 ③做好与其他设计要素的配套
植物种植设计	①对古树名木及周围地面的标高及保护范围加以标注。 ②根据种植设计依植物特性进行地形设计改造。 ③重视水生植物对水深的要求

（四）地形设计的方法★★★★★

方法	说明	特点	应用
等高线法	用相互等距的系列水平面切割地形后,所得的平面与地形的交线按一定比例缩小,垂直投影到水平面上所得之水平投影图来表示设计地形的方法	①同一等高线上各点的高程相同。每条等高线总是一条闭合曲线。 ②等高线间距相同时,表示地面坡度相等。等高线密则坡陡,疏则坡缓。 ③山谷线的等高线,是凸向山谷线标高升高的方向。山脊线的等高线,是凸向山脊线标高降低的方向。二者方向相反。 ④等高线一般不交叉、不重叠,重叠则为悬崖、峭壁、陡坎、梯阶处。 ⑤一条等高线的两侧必为高一低,不能同为高或同为低	应用于陡坡变缓坡或缓坡变陡坡,有时也用于平整场地
断面法	用许多断面表达设计地形以及原有地形状况的方法	①表示了地形按比例在纵向和横向的变化。 ②立面效果强,层次清楚。 ③能体现地形上地物相对位置和内外标高的关系。 ④关键在于断面的取法。一般根据用地主要轴线方向,或地形图绘制的方格网线方向选取	可用于不同场合
模型法	将设计的地形地貌实体形象地按一定比例缩小,用特殊材料和工具进行制作加工成的实体	①用以表现起伏较大的地形。 ②三维空间表现,直观、形象	可在地形规划阶段用来斟酌地形规划方案

（五）地形设计原则★★★

原则	说明
利用、保护为主,改造、修整为辅	尽量采用易于与环境协调的地方材料,不动或少动原有植被,体现原有乡土风貌和地表特征
因地制宜,适当改造	充分利用原地形,宜山则山,宜水则水
园林建筑与地形紧密结合	地形设计与景园建筑及平、立面设计尽量能同步进行,使建筑体型或组合能随形就势,尽量少动或不动土方

二、园林土方工程

（一）土方工程量的计算方法★★★★★

方法	说明	特点	应用
估算法	用相近的几何体体积快速计算	此法简便,但精度较差,多用于估算	适用于形状比较规则的形体

续表

方法		说明	特点	应用
断面法	垂直断面法	以一组等距（或不等距）的相互平行的截面将拟计算的地块、地形单体分截成"段"，分段计算后累加求总	此法为算术平均值法,计算精度取决于截断面数量,多则精,少则粗	适用于带状地形单体或土方工程（如带状山体、水体、沟、堤、路槽等），或平整场地
	水平断面法		沿等高线取断面,等高距即为两相邻断面的垂直距离,也称等高面法	最适于大面积的自然山水地形
方格网法		作方格网→求原地面标高→求平整标高→求各角点的设计标高→求施工标高→求零点线→土方工程量计算→绘制土方平衡表及土方调配图	①高为"+"时以挖土方计,施工标高为"-"时以填土方计。②指不挖不填的点,零点的连线即为零点线,它是填方与挖方的界定线	适用于平整场地

（二）土方施工的方法★★★★

1. 土方施工程序

施工前准备工作→现场放线→土方开挖→运方填方→成品修整与保护。

2. 土方施工

项目	主要工作	注意事项
施工前准备	①分析设计图纸。②现场踏勘。③落实施工方案	
清理场地	①伐除树木。②建筑物或地下构筑物的拆除。③施工过程中其他管线或异常物体	建筑物、构筑物基础下土方不得混有树根、树枝、草及落叶
排水工作	①排除地面水。②地下水的排出	①排水沟的纵坡坡度不小于2%。②土壤含水量大,要求排水迅速,支渠分支应密,反之可疏。③挖湖施工中,排水明沟的深度,应深于水体挖深
定点放线	①平整场地的放线。②自然地形的放线	在每个方格网点处设立木桩,木桩上标记桩号和施工标高

续表

项目		主要工作	注意事项
土方现场施工	挖土	①人力施工。 ②机械挖土。 ③冬、雨季土方施工。 ④土壁支撑	①人均应有 4~6 m² 作业面积,两人同时作业间距应大于 2.5 m。 ②开挖土方不得有重物和易坍落物体。 ③土壁下不得向里挖土,以防坍塌。 ④挖土应从上而下水平分段分层进行
	运土	①人工吊运。 ②机械运土:手推车、翻斗车	运输车道的坡度、转弯半径要符合行车安全
	填土	①人工填土。 ②机械填土:推土机、铲运机、汽车	①碎块草皮和有机质含量大于 8% 的土壤,只能用于无压实要求的填方。 ②淤泥一般不能作为填方料
	压实土方	①人工夯实。 ②机械压实:碾压、夯实、振动压实	原则:一夯压半夯,夯夯相接,行行相连,两遍纵横交叉,分层夯实
成品修整与保护		①安装碰撞定位标准桩、轴线控制桩等。 ②严禁用汽车将土直接倒入基坑内。 ③保护好管线再回填土方	

真题演练

一、单项选择题

1. (2016 年)带状山体土方量计算最适宜的方法是(　　)。
   A. 估算法　　　　B. 垂直断面法　　　C. 水平断面法　　　D. 方格网法

2. (2017 年)土方工程中,当施工标高为"−"时,说明此处需要(　　)。
   A. 填方　　　　　B. 挖方　　　　　　C. 调度　　　　　　D. 不挖不填

3. (2018 年)土方工程中,当施工标高为"+"时,说明此处需要(　　)。
   A. 填方　　　　　B. 挖方　　　　　　C. 压实　　　　　　D. 不挖不填

4. (2019 年)下列最具三维空间表现力的地形设计方法是(　　)。
   A. 等高线法　　　B. 垂直断面法　　　C. 水平断面法　　　D. 模型法

5. (2020 年)平整场地放线时所使用的木桩须标注(　　)。
   A. 设计标高　　　B. 原地形标高　　　C. 施工标高　　　　D. 经纬度

6. (2021 年)人工开挖土方,两人同时作业的间距应不小于(　　)。
   A. 1.0 m　　　　 B. 1.5 m　　　　　 C. 2.0 m　　　　　 D. 2.5 m

二、判断题

1.（2016 年）地形竖向设计应少搞微地形,尽可能进行大规模的挖湖堆山,增加景观效果。
（　　）

2.（2017 年、2021 年）地形设计的方法主要有等高线法、断面法、模型法等。　（　　）

3.（2018 年）地形设计中,等高线密表示坡陡,疏表示坡缓。　（　　）

4.（2019 年）地形是构成园林景观的基本骨架。　（　　）

5.（2020 年）园林地形设计应充分利用原地形,宜山则山,宜水则水。　（　　）

习题练习

一、单项选择题

1. 下列能体现地形上地物相对位置和内外标高的关系的方法是(　　)。
　　A. 等高线法　　　　B. 断面法　　　　　C. 方格网法　　　　　D. 模型法

2. 下列计算简便,但精度较差的土方工程量计算方法是(　　)。
　　A. 估算法　　　　　B. 垂直断面法　　　C. 水平断面法　　　　D. 方格网法

3. 下列适于大面积自然山水地形的土方计算的方法是(　　)。
　　A. 等高线法　　　　B. 垂直断面法　　　C. 水平断面法　　　　D. 方格网法

4. 下列最适宜平整场地土方工程量计算的方法是(　　)。
　　A. 等高线法　　　　B. 垂直断面法　　　C. 水平断面法　　　　D. 方格网法

5. 土方工程中,当施工标高为"0"时,说明此处需要(　　)。
　　A. 填方　　　　　　B. 挖方　　　　　　C. 压实　　　　　　　D. 不挖不填

6. 人工进行土方施工,根据施工安全规程其安全施工工作面不应小于(　　)。
　　A. 10 m²　　　　　 B. 6 m²　　　　　　C. 4 m²　　　　　　　D. 2 m²

7. 对于明沟、堤坝等线状土方开挖或填方,比较适用的土方计算方法是(　　)。
　　A. 等高线法　　　　B. 方格网法　　　　C. 水平断面法　　　　D. 垂直断面法

8. 方格网法中,方格边长不取决于(　　)。
　　A. 计算精度要求　　　　　　　　　　　 B. 地形复杂程度
　　C. 场地实际情况　　　　　　　　　　　 D. 天气状况

9. 下列关于土壤可松性说法,正确的是(　　)。
　　A. 一般而言,土壤密度越小,可松性系数越大
　　B. 一般而言,土质越坚硬,可松性系数越小
　　C. 可松性会影响土方施工和土方运输
　　D. 可松性系数一般小于1

10. 下列关于橡皮土处理的说法中,错误的是(　　)。
　　A. 可直接换土　　　　　　　　　　　　 B. 可将土层翻起并搅拌,掺加石灰
　　C. 增加夯实遍数　　　　　　　　　　　 D. 可铺碎石,夯实挤紧

11. 土料含水量过大,常用的处理方式不包括(　　　)。

　　A. 翻松　　　　　B. 风干　　　　　C. 掺入干土　　　　　D. 直接夯实

二、判断题

1. 地形设计中,等高线不可能交叉和重叠。　　　　　　　　　　　　　　(　　)

2. 地形设计中,等高线的两端必定同高同低。　　　　　　　　　　　　　(　　)

3. 地形是园林基本景观的决定因素。　　　　　　　　　　　　　　　　　(　　)

4. 地形因素在园林的给排水工程、绿化工程、环境生态工程和建筑工程中都起着重要作用。　　　　　　　　　　　　　　　　　　　　　　　　　　　　　　(　　)

5. 地形设计应以利用、保护为主,改造、修整为辅。　　　　　　　　　　(　　)

6. 地形设计应使建筑体型或组合能随形就势,尽量少动或不动土方。　　(　　)

7. 用方格网法计算土方量时,一个方格中同时有"+""-"时,一定存在零点线。(　　)

8. 园路的纵向坡度一般不宜超过8%。　　　　　　　　　　　　　　　　　(　　)

9. 施工图设计阶段,土方工程量计算精度要求较规划阶段更高。　　　　　(　　)

10. 土方计算断面法是将土方分段,计算各段体积,再累加求总土方量。每段距离越长,最后计算得出的精度越高。　　　　　　　　　　　　　　　　　　　　　(　　)

11. 土壤密度越小,越难挖掘。　　　　　　　　　　　　　　　　　　　　(　　)

12. 土壤含水量的多少对土方施工有直接影响。　　　　　　　　　　　　　(　　)

13. 土方施工中,边坡板和龙门板上坡度板功能相同。　　　　　　　　　　(　　)

第二单元　园林给水排水工程

考点分析

1. 了解园林给水工程的组成、水源类型。

2. 了解园林给水管网的设计方法。

3. 理解喷灌系统的类型及设计施工。

4. 掌握园林排水的基本特点及排水的方式。

题型与分值

题型	2016 年	2017 年	2018 年	2019 年	2020 年	2021 年
单项选择题	2分	2分	3分	3分	3分	3分
判断题	2分	2分	3分	3分	3分	3分
简答题	—	—	—	—	—	—

相关知识

一、园林给水工程

(一)给水工程的组成★★

组成	说明
取水工程	从江、河、湖、井、泉、水库等各种水源取水的一项工程
净水工程	通过各种措施对原水进行净化、消毒处理,去除有害杂质的工程
输配水工程	通过设置配水管网将水送至各用水点的工程

(二)水源类型★★

类型	说明	特点
地表水	来源于大气降水,包括江、河、湖水	①长期暴露地面,易受环境污染。 ②浑浊度高,细菌含量大,水质较差。 ③水量充沛,取用方便。 ④作为生活用水需要净化
地下水	①大气降水渗入地层,或河水通过河床渗入地下而形成	①水质澄清、无色无味、水温稳定、分布面广,不易受到污染,水质较好。 ②用作生活用水仅需消毒,不必净化
自来水	城市给水管网中的水	已净化消毒,能满足各类用水对水质的需求

(三)给水管网的设计方法★★★★★

1. 给水管网布置的基本形式

基本形式	优缺点	应用
树状管网	优点:管线短,投资省。 缺点:供水可靠性差,管网中水流缓慢甚至停流成"死水",水质易变坏	适用于用水量不大、用水点较分散的情况
环状管网	优点:供水安全可靠,管网中水流动,水质不易变坏。 缺点:管线长,造价高	适用于对供水连续性要求较高的区域

2. 给水管网设计要点

①干管应靠近主要供水点,保证有足够的水量和水压
②干管应尽量埋设于绿地下,避免穿越道路等设施
③干管宜随地形起伏铺设,避开复杂地形和难施工地段,以减少土石方工程量

④和其他管道保持规定距离
⑤应力求管线最短,以降低管网造价和经营管理费用

二、喷灌系统的类型及设计施工

(一)喷灌系统的类型★★★

分类依据	类型	特点	应用
按管道铺设方式分	移动式	①要求有天然地表水源,设备可移动。 ②不需要埋设管道,投资较经济,机动性强。 ③管理工作强度大	适用于天然水源充沛地区的绿地、苗圃等灌溉
	固定式	①设备埋于地下,喷头固定。 ②设备费用高,但操作方便,节约劳力。 ③便于实现自动化和遥控操作	适用于需经常灌溉和灌溉期长的草坪、花坛等
	半固定式	①泵站和干管固定,支管和喷头可移动。 ②优缺点介于上述两者间	视情况酌情采用,可混合使用
按控制方式分	程控型	①闸阀启闭依靠预设程序控制。 ②省时、省力、高效、节水,但成本较高	
	手控型	人工启闭闸阀	
按供水方式分	自压型	以市政或局域管网为喷灌水源,或水压能满足喷灌系统设计要求	多用于小规模绿地喷灌
	加压型	以江、河、湖、溪、井等作为水源,或水压不能满足喷灌系统设计要求,需加压设备	

(二)喷灌系统的设计★★

主要内容		方法与说明
基本资料收集		收集以下资料:喷管区范围、土壤条件、水文状况、气象资料、地形变化情况、坡度坡向、高程点及原有植物等
喷灌用水分析		植物需水量受植物种类、气象、土壤等多种因素影响,规划时根据当地或邻近地区有关资料或试验区观察结果确定
喷灌系统造型		根据喷灌区域的地形地貌、水源条件、可投入资金数额、期望使用年限等具体情况,选择不同类型的喷灌系统
喷头选型与布置	喷头选型	①喷头类型;②喷洒范围;③工作压力;④喷灌强度;⑤射程、射角和出水量
	喷头布置	①喷灌区域;②布置顺序;③组合形式;④组合间距;⑤技术要素核算

续表

主要内容		方法与说明
轮灌区划分		划分原则: ①最大轮灌区的需水量必须小于或等于水源的设计供水量。 ②轮灌区数量应适中,过少管道成本高,过多运行管理不便。 ③各轮灌区需水量应接近,以便供水设备和干管工作稳定。 ④将需水量相同的植物划分在同一个轮灌区,以便等量灌水
管网设计	管网布置	布置原则:管网布置形式取决于喷灌区域的地形、坡度、喷灌季节的主风向和平均风速、水源位置等。当考虑因素之间发生矛盾时,要分清主次,合理布置
	管径选择	选择原则:满足下一级管道流量和水压;管道年费用最小
灌水制度		设计灌水定额、启动时间、启动次数和每次启动的喷洒时间
安全措施		①防止回流→在干管或支管始端安装各类单向阀。 ②水锤防护→在管道上安装减压阀。 ③冬季防冻→入冬前或冬灌后将管道内水排出

(三)喷灌系统的施工★★★

主要内容		方法与说明
施工准备		绿化地坪、大树调整、土建工程、水源、电源、设施到位等
施工放样		对于闭边界区域,喷头定位应遵循点、线、面原则
沟槽开挖		沟槽断面小,一般不用机械开挖,断面可取矩形或梯形
管道安装	管道连接	管道常用硬聚氯乙烯(PVC)管,可用冷接法或热接法连接
	管道加固	在水压试验和泄水试验合格后实施,用水泥砂浆或混凝土加固
水压与泄水试验	水压试验	试验内容包括严密试验和强度试验
	泄水试验	检查管道中有无满管积水情况较好的方法是排烟法
土方回填	部分回填	管道上方约100 mm范围内用砂土或过筛原土回填
	全部回填	采用符合要求的原土分层轻夯或踩实
设备安装	首部安装	水泵和电机设备安装
	喷头安装	喷头安装前应彻底冲洗管道系统,以免杂物堵塞
工程验收	中间验收	绿地喷灌系统的隐蔽工程必须进行中间验收
	竣工验收	施工完毕后对所有项目进行验收

三、园林排水工程

(一)园林排水的基本特点

①园林排水的主要对象是雨水和少量生活污水
②园林中地形起伏多变有利于地面水的排出
③园林中大多有水体,雨水可就近排入园中水体
④园林绿地植被丰富,地面吸收强、径流小,雨水以地面排水为主、沟渠和管道排水为辅
⑤可以利用排水设施创造瀑布、跌水、溪流等景观
⑥排水的同时还要考虑土壤吸水,以利植物生长,干旱地区应注意保水

(二)园林排水的方式★★★★★

排水方式		说明	特征	应用
地面排水		利用地面坡度使雨水汇集后排水	①经济适用,便于维修。②地表有草皮的最小坡度为0.5%	公园排除雨水的主要方法
管渠排水	明沟排水	地面挖沟排水	①土质明沟常采用梯形断面。②砖、石或混凝土明沟,常用梯形或矩形断面	果园或路网边沟、建筑物外墙散水处等
	管道排水	地下铺设管道排水	①不妨碍地面活动、卫生、美观,排放效率高。②造价高,且检修困难	低洼绿地、铺装广场及休息场所
	盲沟排水	地下挖沟排水	①主要用于排出地下水,降低地下水位。②优点是取材方便,可废物利用,造价低;地面不留"痕迹",保证场地完整性	适用于排水良好的全天候体育活动场地、地下水位高的地区以及不耐水湿植物生长区等
			布置形式 自然式(树枝式)	周边高、中间低地形
			截流式	四周或一侧高的地形
			篦式(鱼骨式)	谷底或低洼积水较多处
			耙式	一面坡的地形

真题演练

一、单项选择题

1.(2016年)公园排除雨水的主要方法是(   )。

A. 地面排水　　　　B. 明沟排水　　　　C. 管道排水　　　　D. 盲沟排水

2.(2017 年)下列关于园林排水特点的叙述,不正确的是(　　　)。

A. 主要排除雨水和少量生活污水

B. 园林中地形起伏多变不利于地面水的排除

C. 园林绿地植被丰富,可以吸收部分雨水

D. 园林排水方式可采用多种形式,尽可能结合园林造景进行

3.(2018 年)足球场最适宜的排水方法是(　　　)。

A. 地面排水　　　　B. 明沟排水　　　　C. 管道排水　　　　D. 盲沟排水

4.(2019 年)公园茶室生活污水的主要排水方法是(　　　)。

A. 地面排水　　　　B. 明沟排水　　　　C. 管道排水　　　　D. 盲沟排水

5.(2020 年)下列不属于管道排水优点的是(　　　)。

A. 卫生　　　　B. 排水效率高　　　　C. 美观　　　　D. 造价低

6.(2021 年)可以直接往园林水体中排放的是(　　　)。

A. 工业废水　　　　B. 农药废水　　　　C. 天然降水　　　　D. 生活污水

二、判断题

1.(2016 年)园林中地形起伏多变有利于地面水的排除。　　　　　　　　　　(　　　)

2.(2017 年)园林中用水高峰时间不可以错开。　　　　　　　　　　　　　　(　　　)

3.(2018 年)地面排水应采取合理措施来防止雨水径流对地面的冲刷。　　　　(　　　)

4.(2019 年)环状管网主要用于园林用水点较分散的情况。　　　　　　　　　(　　　)

5.(2020 年)给水管网布置的基本形式包括树状管网和环状管网。　　　　　　(　　　)

6.(2021 年)给水工程通常由取水工程、净水工程和输配水工程三个部分组成。(　　　)

习题练习

一、单项选择题

1. 下列不属于城镇给水管网的是(　　　)。

A. 喷灌管网　　　　B. 树状管网　　　　C. 环状管网　　　　D. 混合管网

2. 下列适用于用水量不大、用水点较分散的给水管网类型是(　　　)。

A. 喷灌管网　　　　B. 树状管网　　　　C. 环状管网　　　　D. 混合管网

3. 下列适用于穿过道路、建筑物、构筑物的排水方式是(　　　)。

A. 地面　　　　B. 沟渠　　　　C. 管网　　　　D. 泵抽

4. 生态观光园的主要排水方式是(　　　)。

A. 地面排水　　　　B. 明沟排水　　　　C. 管道排水　　　　D. 盲沟排水

5. 下列盲沟排水的形式中,适用于周边高、中间低的山坞状园址地形的是(　　　)。

A. 自然式　　　　B. 截流式　　　　C. 篦式　　　　D. 耙式

6. 下列关于给水管网设计要点的说法,错误的是(　　　)。

A. 干管靠近主要供水点　　　　　B. 干管避免埋设于绿地下

C. 力求管线最短　　　　　　　　D. 与其他管道保持一定距离

7.喷灌系统按管道铺设方式分类,不包括(　　　)。

A. 移动式喷灌系统　　　　　　　B. 固定式喷灌系统

C. 半移动式喷灌系统　　　　　　D. 半固定式喷灌系统

8.绿地喷灌系统的安全措施不包括(　　　)。

A. 防止回流　　　B. 水锤防护　　　C. 管道加固　　　D. 冬季防冻

9.下列关于园林排水基本特点的说法,错误的是(　　　)。

A. 主要排除雨水和少量生活污水

B. 园林绿地植被丰富,地面吸收能力强,地面径流较大

C. 可利用排水设施造景

D. 雨水可就近排入园中水体

二、判断题

1.地下水水质澄清、无色无味、水温稳定、分布面广,不易受到污染。　　　　(　　　)

2.树状管网主要用于对供水连续性要求较高的区域。　　　　(　　　)

3.在实际园林工程中,给水管网往往同时存在树状管网和环状管网。　　　　(　　　)

4.给水管网设计时,干管应靠近主要供水点。　　　　(　　　)

5.园林绿地中,雨水以地面排水为主,沟渠和管道排水为辅。　　　　(　　　)

6.地下水通常仅做必要消毒即可直接使用。　　　　(　　　)

7.公园用水点分散,水头变化大。　　　　(　　　)

8.环状管网管线长,造价高。　　　　(　　　)

9.喷灌系统前期投入小,后期管理工作要求严格。　　　　(　　　)

10.管道安装管材供货长度一般为3 m。　　　　(　　　)

11.利用地形排除雨水时,若地表种植草皮,则最大坡度为0.5%。　　　　(　　　)

12.地面排水所面临的主要问题是地面坡度是否满足要求。　　　　(　　　)

第三单元　园林水景工程

考点分析

1.了解园林常见水景形式及应用环境。

2.理解驳岸的作用、分类及施工程序。

3.理解护坡的作用、分类及施工程序。

4.掌握人工湖池、人工瀑布的施工工艺过程与施工方法。

5.掌握人工小溪的施工要点。

6.理解喷泉的设计与施工。

题型与分值

题型	2016 年	2017 年	2018 年	2019 年	2020 年	2021 年
单项选择题	2 分	2 分	3 分	3 分	3 分	3 分
判断题	2 分	2 分	3 分	3 分	3 分	3 分
简答题	—	—	—	—	—	—

相关知识

一、园林常见水景形式及应用环境★★★★★

水景形式	类型		布置要点	应用环境
静水水景	湖		面积大,园林布置常为自然式,布置要点: ①湖址长选地势低洼且土壤抗渗性好的园地。 ②湖的面积根据园林性质、湖体功能等确定。 ③湖的总平面可以是方形、长方形或带状。 ④山水依傍、相互衬托,增强水景自然特征。 ⑤岸线处理要具有艺术性。 ⑥湖岸形式根据周围环境和使用要求选择。 ⑦必须设置溢水和泄水通道	应用于大、中型综合性园林绿地
静水水景	池		面积比湖小,形式多样,布置灵活,布置要点: ①形式要与环境协调,轮廓要与广场呼应。 ②周围点缀雕塑、小品等应在尺度上相宜。 ③水深在 0.6～0.8 m,池底用鹅卵石装饰。 ④池壁与地面高差控制在 0.45 m 内。 ⑤可适当点缀一些挺水植物和浮水植物	应用广泛,是局部空间或小规模环境绿地创建水景主要形式之一
动水水景	瀑布	天然式	因山壁或河床的垂直高差而造成的突然落水	多与起伏地形和假山结合布置
		人工自然式	水流界面由山石组成,布置要点: ①布置场合一般是在临水的绝壁处。 ②瀑布上游应有深厚背景,否则成"无源"水。 ③落水口的质地对瀑身影响:光滑→平展,粗糙→皱折,极粗糙→水花。 ④承水潭宽度根据瀑身高度确定。 ⑤瀑布的气势取决于用水量	

水景形式	类型		布置要点	应用环境
动水水景	瀑布	人工规则式	水流界面由砖、石或混凝土组成,布置要点: ①宜布置在视线集中、空间较开阔的地方。 ②瀑布着重表现水的姿态、水声、水光。 ③水池平面轮廓多采用折线形式。 ④瀑布池台应有高低、长短、宽窄韵律变化。 ⑤池中设置汀步,供游人近水、戏水。 ⑥瀑布池台、池壁、汀步质地宜粗糙	多布置在一个较大的水池中,以瀑布群的形式出现
	溪		布置要点: ①一般需要结合地貌的起伏变化进行布置,溪流宽度1~2 m,水深5~10 cm,溪流坡势急流3%,缓流0.5%~1%。 ②水流、水槽及沿岸其他景物都应有节奏感。 ③水的形式可交替采用缓流、急流、跌水等。 ④溪中常布置汀步、小桥、浅滩、点石等。 ⑤溪的末端宜用一稍大水池收尾。 ⑥溪底可用大卵石、砾石等铺砌	狭长形园林绿地
	泉	壁泉	人工泉。水从墙壁顺流而下	人工建筑墙面
		间歇泉	人工泉。电脑控制,周期性喷发	
		涌泉	人工泉。水由下往上冒出,不作高喷	
		管流	人工泉。水从管状物中流出	
		喷泉	人工泉。利用压力水喷出形成各种水势造型	广场或建筑

二、水景施工

(一)人工湖池施工

施工工艺过程		施工准备→定点放线→挖土方→压实→湖池底施工→湖池岸线施工→养护→试水→验收
施工方法	湖底施工	①开工前确认湖底结构设计的合理性。 ②施工前清除地基上面的杂物。 ③灰土层湖底,灰、土比例常用3∶7。 ④塑料薄膜湖底,选用延展性强和抗老化能力高的塑料薄膜。 ⑤小型湖底土质改造、旧水池翻新等对湖底进行填充。 ⑥注意保护已建成设施。 注:基址土壤抗渗性好的湖体,湖底不需处理。否则,需做抗渗处理
	池的施工	多采用人工水源,有供水、溢水、泄水的要求,加上对防止渗漏的要求较高,其构造和施工技术比湖要复杂

（二）人工瀑布施工★★

施工工艺过程	施工准备→定点放线→基坑（槽）挖掘→基础施工→水池施工→瀑身构筑物施工→管线安装→扫尾→试水→验收
施工方法	①自然式瀑布是山水的直接结合,其工程要素是假山、湖池等的布置。 ②整个水流路线必须做好防渗漏处理,石隙需封严堵死。 ③自然式瀑布和规则式瀑布均应采取措施控制供水管的水流速度
管线安装要点	①按设计要求和质量标准采购、加工,质量必须合格,使用前逐根检查。 ②钢管焊接连接应根据钢管的壁厚在对口处留一定的间隙。 ③管道安装前认真清除管内杂物,以防堵塞。 ④穿越构筑物的管线必须采取相应的止水措施

（三）人工小溪施工★★

施工工艺过程	施工准备→定点放线→基坑（槽）挖掘→基底处理→溪底施工→溪壁施工→管线安装→扫尾→试水→验收
施工要点	溪道通常应具有较强的防渗能力,因此一般采用混凝土结构。 ①可用石灰粉按照设计图纸放出溪流的外轮廓,作为挖方边界线。 ②溪的深度一般不大,基槽断面既可采用梯形也可用直槽式。 ③在柔性防水材料与碎石垫层之间需设置砂垫层。 ④溪流的岸壁常用卵石和自然山石装点。 ⑤要严格按照操作规范进行施工
施工注意事项	①挖掘溪槽时,不可一挖到底。 ②严格控制标高和坡度,超过允许规定误差时必须进行校核与修正。 ③对于破损的防水层材料要及时更换。 ④做好成品保护,遵循操作规程

（四）喷泉设计与施工★★★

1. 喷泉的设计内容

设计项目	说明
平面布置设计	规划设计喷泉所属各部分的平面位置、形式、体量等。确定周围其他景物设施种类、形式及其平面布置,对邻近区域地面处理的要求
喷水设计	包括各立面喷水型的组合造型轮廓、变化方案及其程序设计、喷头选择、喷头的平面布置
喷水池设计	包括水池的造型设计与结构设计
管道布置	通过水力计算确定各段管道的管径,根据管道的使用性质和要求进行布置,确定降低水头损失的措施
喷泉照明设计	结合喷水设计,确定喷泉照明的色调、照射时间方案、灯具布置位置、控制方式等
设备选型	选择水泵、电机、控制设备、照明灯具、电缆、配电箱等的型号、规格等,选型时应遵循科学合理、经济实用的原则

2. 喷泉施工

喷头选择	单射流喷头、喷雾喷头、环形喷头、旋转喷头、扇形喷头、变形喷头、吸力喷头、多孔喷头、蒲公英喷头、组合喷头
喷水形式选择	单射形、水幕形、拱顶形、向心形、圆柱形、编织形、屋顶形、喇叭形、圆弧形、涌泉形、吸力形、旋转形、喷雾形、洒水形、扇形、孔雀形、多层花形、牵牛花形、半球形、蒲公英形
供水形式选择	自来水直供(用于小型喷泉)、加压直供、循环供水(用于大型喷泉)、高位天然水源供水
喷水池设计	水池半径为最大喷高的 $1 \sim 1.3$ 倍,水深 $0.5 \sim 0.6$ m 水池小、池水浅选用砖石结构,水池大或设于室内、屋顶选用钢混结构
喷泉管道系统	补给水管(连接市政供水管网)、循环水管(包含供水管、回水管、配水管和分水管)、排水管(溢水管和泄水管)

三、驳岸与护坡工程

(一)驳岸工程★★★★★

1. 驳岸的含义与作用

含义	驳岸是一面临水的挡土墙。其岸壁多为直墙,有明显的墙身
作用	①防止土体坍塌、冲刷滑坡。 ②维持水面的面积比例。 ③若处理得法,也可发挥造景作用

2. 驳岸的分类

分类依据	类型	说明
根据压顶材料的形态特征及应用方式	规则式驳岸	岸线平直或呈几何线形,用整形的砖、石料或混凝土块压顶的驳岸属规则式
	自然式驳岸	岸线曲折多变,压顶常用自然山石材料或仿生形式,如假山石驳岸、仿树桩驳岸等
	混合式驳岸	水体的护岸方式根据周围环境特征和其他要求分段采用规则式或自然式,就整个水体而言则为混合式驳岸
根据结构形式	重力式驳岸	主要依靠墙身自重来保证岸壁的稳定,抵抗墙后土体的压力。墙身的主材可以是混凝土或块石或砖等
	后倾式驳岸	是重力式驳岸的特殊形式,墙身后倾,受力合理,经济节省
	插板式驳岸	由钢筋混凝土制成的支墩和插板组成,体积小,造价低
	板桩式驳岸	由板桩垂直打入土中,板边用企口嵌组而成
	混合式圬工驳岸	由两部分组成,下部采用重力式块石小驳岸或板桩,上部采用块石护坡等

续表

分类依据	类型	说明
根据墙身主材和压顶材料	假山石驳岸	墙身常用毛石、砖或混凝土砌筑，一般隐于常水位以下，岸顶布置自然山石，是最具园林特点的驳岸类型
	卵石驳岸	常水位以上用大卵石堆砌或将较小的卵石贴于混凝土上，风格朴素自然
	条石驳岸	岸墙以及压顶用整形花岗岩条石砌筑，坚固耐用、整洁大方，但造价较高
	虎皮墙驳岸	墙身用毛石砌成虎皮墙形式，砂浆缝宽 2~3 cm，可用凸缝、平缝或凹缝。压顶多用整形块料
	竹桩驳岸	南方地区冬季气温较高，没有冻胀破坏，加上又盛产毛竹，因此可用毛竹建造驳岸。竹桩驳岸由竹桩和竹片笆组成
	混凝土仿树桩驳岸	常水位以上用混凝土塑成仿松皮木桩等形式，别致而富韵味，观赏效果好

3. 驳岸施工

施工程序	说明
①放线	依据设计图上水体常水位线确定驳岸的平面位置，并在基础两侧各加宽 20 cm 放线
②挖槽	常采用人工开挖。对需要放坡及支撑的地段，要按照规定放坡、加支撑。挖槽不宜在雨季进行。雨季施工宜分段、分片完成，施工期间若基槽内因降雨积水，应在排净后挖除淤泥垫以好土
③夯实地基	基槽开挖完成后进行夯实。遇到松软土层时，需增铺 14~15 cm 厚灰土一层予以加固
④浇筑基础	驳岸的基础类型中，块石混凝土最为常见。施工时石块要垒紧，不得仅列置于槽边，然后浇注 M15~M20 水泥砂浆。灌浆务必饱满，要渗满石间空隙
⑤砌筑岸墙	浆砌块石用 M5 水泥砂浆，要砂浆饱满勾缝严密。伸缩缝的表面应略低于墙面，用砂浆勾缝掩饰。若驳岸高差变化较大，还应做沉降缝，常采用局部增设伸缩缝的方法兼作沉降
⑥砌筑压顶	施工方法应按设计要求和压顶方式确定，要精心处理好常水位以上部分。用大卵石压顶时要保证石与混凝土的结合密实牢固，混凝土表面再用 20~30 mm 厚 1：2 水泥，砂浆抹缝处理

（二）护坡工程＊＊＊＊＊

1. 护坡的含义与作用

含义	没有近乎垂直的岸墙,而是在土坡上采用合适的方式直接铺筑各种材料对坡面加以保护
作用	①保护岸坡的稳定,防止滑坡、雨水径流冲刷和风浪的拍击。 ②自然起伏地形可利用植被护坡,富有自然野趣。 ③采取土工措施保护岸坡,可满足其他功能要求

2. 护坡的分类

类型	说明
编柳抛石护坡	将块石抛置于绕柳橛十字交叉编织的柳条框格内的护坡方法。柳条发芽后便成为较好的护坡设施,富有自然野趣
铺石护坡	在整理好的岸坡上密铺块石,最好选用相对密度大、吸水率小的石块。 铺石护坡应有足够的透水性以减少土壤从护坡上面流失

3. 护坡施工

施工程序	说明
①放线挖槽	按设计放出护坡的上、下边线
②砌坡脚石、铺倒滤层	先砌坡脚石,其基础可用混凝土或碎石
③铺砌块石	施工前应拉绳网控制,以便随时矫正。从坡脚处起,由下而上铺砌块石。石块要呈品字形排列,打掉突出棱角,石块间用碎石填平,不得有虚角
④勾缝	一般而言,块石干砌较为自然,石缝内还可长草。为更好地防止冲刷、提高护坡的稳定性等,也可用 M7.5 水泥砂浆进行勾缝(凸缝或凹缝)

真题演练

一、单项选择题

1.（2016 年）下列属于静态水景的是(　　)。

　　A. 瀑布　　　　　　B. 水池　　　　　　C. 跌水　　　　　　D. 涌泉

2.（2017 年）景观水池池壁与地面的高差宜控制在(　　)。

　　A. 0.45 m 以内　　B. 0.60 m 以内　　C. 0.75 m 以内　　D. 0.90 m 以内

3.（2018 年）溪流的设计宽度通常为(　　)。

　　A. 1～2 m　　　　B. 4～5 m　　　　　C. 7～8 m　　　　　D. 10～11 m

4. (2019 年)下列最适宜营造水镜面效果的理水方式是(　　)。

    A. 湖　　　　　　B. 瀑　　　　　　C. 溪　　　　　　D. 泉

5. (2020 年)下列属于静态水景的是(　　)。

    A. 瀑布　　　　　B. 涌泉　　　　　C. 湖　　　　　　D. 跌水

6. (2021 年)下图水池池壁采用单坡压顶的是(　　)。

A.　　　　　　　　　　　B.

C.　　　　　　　　　　　D.

二、判断题

1. (2016 年)湖的景观特点是水面宽阔平静,具有平远开朗之感。　　　　　　　　　(　　)

2. (2017 年)瀑布属动态水景,其水势造型有奔泻、旋流、激起等形态。　　　　(　　)

3. (2018 年)护坡是一面临水的挡土墙,有明显的墙身。　　　　　　　　　　　　(　　)

4. (2019 年)驳岸造型要求和景观特点可以通过其墙身和压顶材料来表现。　(　　)

5. (2020 年)护坡和驳岸都是护岸设施,功能基本相同。　　　　　　　　　　　　(　　)

6. (2021 年)喷泉是利用压力水喷出后形成各种造型的动态水景。　　　　　　(　　)

习题练习

一、单项选择题

1. 下列属于静态水景的是(　　)。

    A. 瀑布　　　　　B. 湖泊　　　　　C. 喷泉　　　　　D. 溪流

2. 下列属于动态水景的是(　　)。

    A. 湖　　　　　　B. 池　　　　　　C. 瀑　　　　　　D. 潭

3. 溪流的设计深度通常为(　　)。

    A. 5~10 cm　　　B. 10~15 cm　　　C. 15~20 cm　　　D. 20~25 cm

4. 狭长形园林绿地常用的理水方式是(　　)。

    A. 湖　　　　　　B. 瀑　　　　　　C. 溪　　　　　　D. 泉

5. 为节约用水,大型喷泉供水形式应选择(　　　)。

    A. 自来水直供   B. 加压直供   C. 循环供水   D. 高位天然水源供水

6. 池的水深多为(　　　)。

    A. 0.6~0.8 m   B. 0.4~0.6 m   C. 0.2~0.3 m   D. 0.8~1.0 m

7. 基址土壤抗渗性好时,湖底一般不需做特殊处理,只需相对密实度达到(　　　)。

    A. 90%   B. 80%   C. 70%   D. 60%

8. 驳岸设置伸缩缝,其间距一般为(　　　)。

    A. 10~25 m   B. 25~30 m   C. 5~10 m   D. 30~40 m

9. 护坡类型不包括(　　　)。

    A. 编柳抛石护坡   B. 铺石护坡

    C. 植被护坡   D. 混凝土护坡

二、判断题

1. 瀑布的落水口质地对瀑身影响不大。   (　　)

2. 瀑布的气势取决于用水量,落差越大,用水量越多,气势越壮观。   (　　)

3. 规则式瀑布多布置在较大水池中,池中常设置汀步,方便游人近水、戏水。   (　　)

4. 一般喷水池半径为最大喷高的1~1.3倍,水深0.5~0.6 m。   (　　)

5. 驳岸施工在挖湖施工后、湖底施工前进行。   (　　)

6. 相比湖,池一般面积较小但形式多样。   (　　)

7. 瀑布一般由背景、上游水源、落水口、瀑身、承水潭和溪流五部分组成。   (　　)

8. 灰土层湖底厚度要均匀,无水养护期不少于28 d。   (　　)

9. 对于喷泉,视域良好时合适视距为喷水高度的3.0~3.3倍,为景物宽度的1.2倍。

                                                        (　　)

10. 驳岸伸缩缝内,可嵌木板条或沥青油毡等。   (　　)

第四单元　园路景观工程

考点分析

1. 了解园路的功能与分类。

2. 理解园路的线形要求。

3. 掌握园路的常见结构与铺装类型。

4. 掌握园路施工工艺过程与施工方法。

5. 了解园路照明的原则与方式。

6. 掌握园路照明系统布置。

题型与分值

题型	2016 年	2017 年	2018 年	2019 年	2020 年	2021 年
单项选择题	2 分	2 分	3 分	6 分	6 分	6 分
判断题	2 分	2 分	3 分	3 分	3 分	3 分
简答题	—	5 分	—	—	—	—

相关知识

一、园路的功能与分类

(一)园路的功能★★★★

功能	说明
(1)划分、组织空间	①园林功能分区的划分多是利用地形、建筑、植物、水体或道路。 ②对地形起伏不大、建筑比重小的绿地,用道路围合来分隔不同景区。 ③借助道路面貌的变化可以起到组织空间的作用,尤其在专类园中
(2)组织交通和导游	①铺装园路能耐践踏、碾压和磨损,可满足各种园务运输的要求。 ②园林景点间的联系是依托园路进行的,可引导游人逐个景点游览。 ③园路还为欣赏园景提供了连续的不同的视点,可取得步移景异的效果
(3)提供活动和休息场地	在建筑小品周围、花坛边、水旁、树下等处,园路可扩展为广场(可结合材料、质地和图案的变化),为游人提供活动和休息的场所
(4)参与造景	①创造意境:如中国古典园林中园路的花纹和材料与意境相结合。 ②构成园景:一是园路也参与了风景的构图,即因景得路;二是园路本身的曲线、质感、色彩、纹样、尺度等也是园林中不可多得的风景。 ③统一空间环境:通过与园路相关要素的协调将在尺度和特性上有差异的因子相互间连接成一体,在视觉上统一起来。 ④构成个性空间:园路的铺装材料及其图案和边缘轮廓,具有构成和增强空间个性的作用
(5)组织排水	道路可以借助其路缘或边沟组织排水。园林绿地高于路面,道路汇集两侧绿地径流,利用其纵向坡度实现地形排水

(二)园路的分类★★★★★

分类依据	类型	说明
构造形式	路堑型	道牙位于道路边缘,路面低于两侧地面,利用道路排水
	路堤型	道牙位于道路靠近边缘处,路面高于两侧地面,利用明沟排水
	特殊型	包括步石、汀步、蹬道、攀梯等
面层材料	整体路面	包括现浇水泥混凝土路面和沥青混凝土路面。特点是平整、耐压、耐磨,适用于通行车辆或人流集中的公园主路和出入口
	块料路面	包括各种天然块石、陶瓷砖及各种预制水泥混凝土块料路面等。块料路面坚固、平稳,图案纹样和色彩丰富,适用于广场、游步道和通行轻型车辆的路段
	碎料路面	用各种石片、砖瓦片、卵石等碎石料拼成的路面。特点是图案精美,表现内容丰富,做工细致。主要用于各种游步小路
使用功能	主干道	主要出入口、园内各功能分区、主要建筑物和重点广场游览的主线路,是全园道路系统的骨架,多呈环形布置。其宽度视公园性质和游人量而定,一般为 3.5~6.0 m
	次干道	为主干道的分支,贯穿各功能分区、联系景点和活动场所的道路。宽度一般为 2.0~3.5 m
	游步道	景区内连接各个景点、深入各个角落的游览小路。宽度一般为 1~2 m,有些游览小路其宽度为 0.6~1 m

二、园路的线形要求

(一)平面线形★★

线形种类	直线	在规则式园林绿地中,多采用直线形园路
	圆弧曲线	道路转弯或交汇时,弯曲部分用圆弧曲线连接,有相应转弯半径
	自由曲线	半径不等且随意变化的自然曲线,多应用于自然式园林中
设计要求		①园路平面位置及宽度应根据设计环境而定,做到主次分明。在满足交通的情况下,道路宽度应尽量小,以扩大绿地面积的比例。 ②行车道路转弯半径在满足机动车最小转弯半径条件下,可结合地形、景物灵活处置。 ③园路的曲折迂回应有目的性。一方面曲折应是为了满足地形及功能上的要求;另一方面应避免无艺术性、功能性和目的性的过多弯曲
平曲线		车辆在弯道上行驶时,为保证行车安全,要求弯道上部分应为圆弧曲线,该曲线被称为平曲线。 机动车道的最小转弯半径为 12 m
曲线加宽		汽车转弯时所占道路宽度也比直线行驶时宽,为了防止后轮驶出路外,车道内侧(尤其是小半径弯道)需适当加宽,称为曲线加宽

(二)纵断面线形★★★

线形种类	直线	表示路段中坡度均匀一致,坡向和坡度保持不变
	竖曲线	连接相邻两个不同坡度的圆弧曲线称为竖曲线。 凸形竖曲线:圆心位于竖曲线下方; 凹形竖曲线:圆心位于竖曲线上方
设计要求		①园路根据造景的需要,应随形就势,一般随地形的起伏而起伏。 ②尽量利用原地形,以保证路基稳定,减少土方量。 ③园路应与相连的广场、建筑物和城市道路在高程上有一个合理的衔接。 ④园路应配合组织地面排水。 ⑤纵断面控制点应与平面控制点一并考虑,使平、竖曲线尽量错开。 ⑥行车道路的竖曲线应满足车辆通行的基本要求
坡度要求	纵向坡度	行车道路的纵坡一般为 0.3% ~8%,游步道、特殊路应不大于12%
	横向坡度	园路横坡一般在 1% ~4%,呈两面坡。弯道处呈单向横坡

(三)残疾人园路

设计要求	①路面宽度不宜小于 1.2 m,回车路段路面宽度不宜小于 2.5 m。 ②道路纵坡不宜超过 4%,不宜过长,在适当距离应设水平路段,不应有阶梯。 ③应尽可能减小横坡。 ④坡度 1/20 ~1/15 时,坡长不宜超过 9 m;转弯处设不小于 1.8 m 的休息平台。 ⑤园路一侧为陡坡时,应设 10 cm 高以上的挡石,并设扶手栏杆。 ⑥排水沟箅子等不得突出路面,并注意不得卡住车轮和盲人的拐杖

三、园路的常见结构与铺装类型

(一)园路的一般结构★★★★

路面	面层	是路面最上层,它直接承受人流、车辆和大气因素的影响,因此面层设计要坚固、平稳、耐磨耗,具有一定的粗糙度、少尘性,便于清扫
	结合层	结合层在采用块料铺筑面层时,在面层和基层之间,为了结合和找平而设置的一层。一般用 3 ~5 cm 的粗砂、水泥砂浆或白灰砂浆即可
	基层	基层一般在土基之上,起承重作用,一般用碎(砾)石、灰土或各种工业废渣等构筑
	垫层	在路基排水不良或有冻胀、翻浆的路段上,为了排水、隔温、防冻的需要,用煤渣土、石灰土、钢渣土等筑成

路基	路基是路面的基础,承受路面传递下来的荷载,保证路面强度和稳定性。 路基强度是影响道路强度的最主要因素。 园路结构应遵循薄面、强基、稳基土的设计原则	
附属工程	道牙	分为立道牙和平道牙两种形式。安置在路面两侧,使路面与路肩在高程上起衔接作用,并能保护路面,便于排水。一般用砖或混凝土制成,在园林中也可以用瓦、大卵石、切割条石等
	明沟和雨水井	是为收集路面雨水而建的构筑物,在园林中常用砖块砌
	台阶、礓礤、蹬道	台阶:路面坡度超过12°时可设台阶。每级12~17 cm,宽30~38 cm,每10~18级设一段平坦的地段,每级台阶应有1%~2%的向下的坡度,以利排水。园林中,可用天然山石、预制混凝土砖、塑木纹板等材料施工。 礓礤:在坡度较大的地段上(纵坡超过17%时),本应设台阶,但为了能通过车辆,将斜面作成锯齿形坡道,称为礓礤。 蹬道:在地形陡峭的地段,可结合地形或利用露岩设置蹬道。当纵坡大于60%时,应做防滑处理,并设扶手栏杆等
	种植池	在路边或广场上栽种植物,一般应留种植池。大小应由所栽植物的要求而定,施工材料与园路面层材料一致

(二)园路的常见结构★★

类型	要求	结构图
石板嵌草路	①100 mm 厚石板。 ②50 mm 厚黄砂。 ③素土夯实。 注:石缝30~50 mm嵌草	
卵石嵌花路	①70 mm 厚预制混凝土嵌卵石。 ②50 mm 厚 M2.5 混合砂浆。 ③一步灰土。 ④素土夯实	
预制混凝土方砖路	①500 mm×500 mm×100 mm 混凝土方砖。 ②50 mm 厚粗砂。 ③150~250 mm 厚灰土。 ④素土夯实。 注:胀缝加 10 mm×95 mm 橡皮条	

续表

类型	要求	结构图
现浇水泥混凝土路	①80～150 mm 厚 C15 混凝土。 ②80～120 mm 厚碎石。 ③素土夯实。 注:基层可用二渣	
卵石路	①10 mm 厚混凝土上栽小卵石。 ②30～50 mm 厚 M2.5 混合砂浆。 ③150～250 mm 厚碎石及三合土。 ④素土夯实	

(三)园路的铺装类型★★★★★

铺装类型	路面结构	说明
整体路面	水泥混凝土路面	用水泥、粗细骨料和水按一定的配合比拌匀后现场浇筑的路面,多用于主干道。整体性好、耐压强度高、养护简单、便于清扫
	沥青混凝土路面	用热沥青、碎石和砂的拌和物现场铺筑的路面,多用于主干道。颜色深,反光小,耐压强度和使用寿命均低于水泥混凝土路面
	透水混凝土路面	又称多孔混凝土或排水混凝土,是由粗骨料(不含细骨料)、水泥和水拌制而成的一种多孔轻质混凝土。因其孔穴呈均匀分布的蜂窝状结构,所以透气、透水、重量轻
	彩色沥青混凝土路面	用脱色沥青与各种颜色石料、色料和添加剂等材料混合配制,经过摊铺、碾压形成。弹性和柔性良好,色泽鲜艳持久、不褪色
块料路面	砖铺地	有青砖和红砖之分,园林铺地多用青砖。 适用于冰冻不严重和排水良好之处,坡度大和阴湿地段不宜采用
	冰纹路	用大理石、花岗岩、陶质或其他碎片模仿冰裂纹样铺砌的路面。 适用于池畔、山谷、草地、林中之游步道
	乱石路	用天然片状块石大小相间铺筑,采用水泥砂浆勾缝,多勾凹缝。 石缝曲折自然,表面粗糙具粗犷、朴素、自然之感
	花岗岩铺地	高级的装饰性地面铺装。花岗岩可采用红色、青色、灰绿色等多种,要先加工成正方形、长方形的薄片状,然后用来铺贴地面
	广场砖铺地	广场砖多为陶瓷或琉璃质地,可以组合成矩形或圆形图案。 广场砖比釉面墙地砖厚一些,装饰路面的效果比较好

铺装类型	路面结构	说明
块料路面	条石路	用经过加工的切割长方石料铺筑的路面,平整规则,庄重大方,坚固耐久,多用于广场、殿堂和纪念性建筑物周围
	水泥混凝土方砖路	用预先制成的水泥混凝土方砖铺砌的路面,形状多变,图案丰富。也可添加无机矿物颜料制成彩色混凝土砖,色彩艳丽。 适用于园林中的广场和行人道
	生态砖路	用砖块嵌草铺装的路面,主要用在人流量不太大的公园游步道、小游园道路、草坪道路、庭园内道路及停车场等
	釉面墙地砖铺地	釉面墙地砖有丰富的颜色和表面图案,尺寸规格很多
	压模混凝土路	在混凝土表层依靠彩色硬化剂、脱模粉等创造出逼真的大理石、石板、瓦片、砖石、岩石、卵石等自然效果的地面
	步石、汀步	步石是置于陆地上的块石,多用于草坪、林间、岸边或庭园等处。 汀步是设在水中的步石。可自由地布置在溪涧、滩地和浅池中
	台阶、蹬道	道路坡度超过12%,需设台阶。坡度超过70%,台阶需设扶手栏杆。 坡度超过173%,台阶两侧加高栏杆铁索,称蹬道
碎料路面	花街铺地	用碎石、卵石、瓦片、碎瓷等碎料拼成的路面。图案精美丰富,色彩素艳和谐,风格或圆润细腻或朴素粗犷,多见于古典园林
	雕砖乱石路面	用精雕的砖、细磨的瓦和各色卵石拼凑成的路面。图案内容丰富,被誉为"石子画",多见于古典园林中的道路,如故宫御花园甬
	卵石路	以各色卵石为主嵌成的路面。路面耐磨性好,防滑,但清扫困难,且卵石容易脱落,多用于花间小径、水旁亭榭周围

四、园路施工工艺与施工方法

(一)园路施工工艺过程★★★

施工放线→修筑路槽→基层施工→结合层施工→面层施工→道牙施工→保养。

(二)园路施工方法★★★

施工工艺	方法
施工放线	①按道路设计的中线,在地面上每隔20～50 m放一中心桩。 ②在弯道的曲线上,应在曲头、曲中和曲尾各放一中心桩。园路多为不规则曲线,应该加密中心桩。 ③应在中心桩上写明编号,以中心桩为准,根据路面宽度定边桩,最后放出路面的平曲线

续表

施工工艺	方法
修筑路槽	按设计路面的宽度,每侧放出 20 cm 挖路槽,路槽深度等于路面厚度
基层施工	基层是园路的主要承重层,其施工的质量直接影响道路强度及使用。 基层的做法有:干结碎石基层、天然级配沙砾基层、石灰土基层。 石灰土基层施工方法有:路拌法、厂拌法、人工沿路拌和法
结合层施工	一般用 M7.5 水泥、白灰、砂混合砂浆或 1∶3 白灰砂浆。 砂浆摊铺宽度应大于铺装面 5 cm,已拌好的砂浆应当日用完
面层施工	在完成的路面基层上,重新定点、放线,每 10 m 为一施工段。 常见面层的施工有:水泥路面的装饰施工、块料路面的铺筑、碎料路面的铺筑、嵌草路面的铺筑
道牙施工	道牙基础宜与路床同时填挖碾压,以保证密度均匀,具有整体性。 弯道处的道牙最好事先预制成弧形
附属工程	雨水口施工:保护先期的雨水口,若有破坏,应及时修筑。 排水明沟施工:土质明沟按设计挖好后,应对沟底及边坡适当夯压;砖(或块石)砌明沟,按设计将沟槽挖好后,充分夯实

五、园路照明

（一）园路照明的原则与方式★★

原则	①要充分结合园林景观特点,以最能体现园景在灯光下的视觉效果为布置原则。 ②灯杆形式、高度、位置、光源类型、色调等应与环境相协调,兼顾交通和造景。 ③园路类型多样,路面色调、质地差异大,除保证一定的照度要求外,还应考虑具有适当的平均亮度和均匀度
方式	①一般照明:这种照明方式不考虑局部的特殊需要,为整个被照场所而设置,特点是一次投资少,照度均匀。 ②局部照明:即对于景区或景点某一局部的照明。当局部地点需要高照度突出局部特色时,采用局部照明。但园林中不应只设局部照明而无一般照明。 ③混合照明:由一般照明和局部照明共同组成。园路中对需要较高照度并对照射方向有特殊要求的场所,采用混合照明

(二)园路照明系统布置★★★

铺装类型	路面结构	说明
平面布置	一般路段	①沿道路两侧对称布置:照明效果好,反光影响小,适用于风景名胜区游览大道。 ②沿道路两侧交错布置:照度较高,均匀度好,适用于风景名胜区游览大道。 ③沿道路中线布置:照度均匀,可解决行道树对照明干扰,但反光正对车、人前行方向,易产生眩光。 ④沿道路单侧布置:照度和均匀度较低,能满足一般宽度的园路需要,简单、经济,多数园路采用此形式
	特殊路段	①曲线路段:单侧布置时,路灯安置在弯道的外侧,同时缩小间距,增加照度。灯距一般为直线路段上的 0.5~0.75 倍。 ②交叉路口:道路交叉口的照明担负有转向、交汇的明显指示作用。可采用与道路光色不同的光源、不同形式的灯具或不同的布置方式,也可另行安装偏离规则排列的附加灯具。 ③园桥:保证桥面在灯光下轮廓清晰可见,最好两侧对称布置
	广场	一般为周边式,照射方向多射向广场中心。对于大型广场也采用周边式结合中心式进行布置,或采用悬索形进行照明
	庭院、草坪	采用局部照明方式为宜,围绕景致秀美处布置,以彰显庭园布局层次、景物质感及山石树木花草的特色
安装高度与纵向间距	安装高度	路灯:4~5 m;广场:8~10 m;庭园:≤4 m;草坪:0.4~0.7 m;在路边、台阶处、小溪边也可布置地灯
	纵向间距	园灯间距一般为 20~25 m,杆式路灯间距可大一些,草坪灯间距可小一些
路灯形式	杆式道路灯	简称路灯,多用于有机动车辆行驶的主园路上,以给道路交通提供照明为主。光源多采用高压钠灯或高压汞灯
	柱式庭院灯	简称庭院灯,主要用于景园广场、游览步道、绿化带或装饰性照明等。光源色应接近日光,多用白炽灯和金属卤化物灯等
	短柱式草坪灯	简称草坪灯,主要用于园林广场、绿化草地等作为装饰照明。一般采用白炽灯或紧凑型节能荧光灯,灯具应选质地坚硬的,以防被破坏

真题演练

一、单项选择题

1.（2016 年、2021 年）现浇水泥混凝土路面属于（   ）。
   A. 整体路面　　　B. 块料路面　　　C. 碎料路面　　　D. 简易路面

2.（2017 年）花街铺地属于（   ）。
   A. 整体路面　　　B. 块料路面　　　C. 碎料路面　　　D. 简易路面

3.（2018 年）沥青混凝土路面属于（   ）。
   A. 整体路面　　　B. 块料路面　　　C. 碎料路面　　　D. 简易路面

4.（2019 年）青砖人字纹铺地属于（   ）。
   A. 整体路面　　　B. 块料路面　　　C. 碎料路面　　　D. 简易路面

5.（2019 年）公园游步道宽度一般为（   ）。
   A. 7～8 m　　　B. 5～6 m　　　C. 3～4 m　　　D. 1～2 m

6.（2020 年）园路的横坡坡度一般为（   ）。
   A. 1%～4%　　　B. 5%～8%　　　C. 9%～12%　　　D. 13%～16%

7.（2020 年）广场砖铺地属于（   ）。
   A. 整体路面　　　B. 块料路面　　　C. 碎料路面　　　D. 简易路面

8.（2021 年）园路典型的路面结构自下而上依次为（   ）。
   A. 面层、基层、结合层　　　　　　　B. 基层、面层、结合层
   C. 面层、结合层、基层　　　　　　　D. 基层、结合层、面层

二、判断题

1.（2016 年）基层是园路路面结构中主要的承重部分。　　　　　　　　　　（   ）
2.（2017 年）园路平面位置及宽度应根据设计环境而定，做到主次分明。　　（   ）
3.（2018 年）路堑型园路的路面高于两侧地面。　　　　　　　　　　　　　（   ）
4.（2019 年）园路不仅可以组织交通，还可以参与造景。　　　　　　　　　（   ）
5.（2020 年）园路路基对园路的稳定性影响不大。　　　　　　　　　　　　（   ）
6.（2021 年）公园主干道的宽度一般为 0.6～1 m。　　　　　　　　　　　（   ）

三、问答题

（2017 年）园路的功能有哪些？

习题练习

一、单项选择题

1. 透水混凝土路面属于（   ）。

A. 整体路面　　　　　B. 块料路面　　　　　C. 碎料路面　　　　　D. 简易路面

2. 预制水泥混凝土方砖路面属于(　　)。

A. 整体路面　　　　　B. 块料路面　　　　　C. 碎料路面　　　　　D. 简易路面

3. 雕砖卵石路面属于(　　)。

A. 整体路面　　　　　B. 块料路面　　　　　C. 碎料路面　　　　　D. 简易路面

4. 园路主干道的宽度一般为(　　)。

A. 0.6 ~ 1.0 m　　　　　　　　　　B. 1.0 ~ 2.0 m

C. 2.0 ~ 3.5 m　　　　　　　　　　D. 3.5 ~ 6.0 m

5. 园路平曲线的最小转弯半径为(　　)。

A. 8 m　　　　　B. 10 m　　　　　C. 12 m　　　　　D. 14 m

6. 园路行车道路的纵坡坡度一般为(　　)。

A. 小于0.3%　　　B. 0.3% ~ 8%　　　C. 8% ~ 12%　　　D. 大于12%

7. 普通园路照明为了简便、经济节省,一般采用的布置形式为(　　)。

A. 沿道路两侧对称布置　　　　　　B. 沿道路两侧交错布置

C. 沿道路中线布置　　　　　　　　D. 沿道路单侧布置

8. 园路的功能有(　　)。

A. 造景、通风

B. 划分空间、组织空间、保持水土

C. 划分空间、组织空间、构成园景和组织排水

D. 划分空间、组织空间和生态效应

9. 园路的施工过程为(　　)。

A. 施工放线→修筑路槽→基层施工→结合层施工→面层施工→道牙施工→保养

B. 施工放线→修筑路槽→道牙施工→基层施工→结合层施工→面层施工→保养

C. 施工放线→基层施工→道牙施工→结合层施工→面层施工→修筑路槽→保养

D. 施工放线→基层施工→道牙施工→修筑路槽→结合层施工→面层施工→保养

10. 园林残疾人坡道,每逢转弯处,设置的休息平台应(　　)。

A. 不小于1.8 m　　　　　　　　　B. 不超过2.5 m

C. 不小于2.5 m　　　　　　　　　D. 不超过1.0 m

11. 园林道路的横坡一般在1% ~ 4%,多呈(　　)。

A. 单面坡　　　　　B. 两面坡　　　　　C. 三面坡　　　　　D. 不规则坡

12. 下列对于公园、绿地照明的说法,不正确的是(　　)。

A. 园路要采用大功率灯　　　　　　B. 要注意路旁树木对照明的影响

C. 照明设备需要隐藏在视线之外　　D. 彩色灯饰可以营造节日气氛

二、判断题

1. 园路不仅可以组织交通,还划分和组织空间。　　　　　　　　　　　(　　)

2. 路堤型园路的路面高于两侧地面。　　　　　　　　　　　　　　　　(　　)

3. 路堑型园路道牙位于道路靠近边缘处。　　　　　　　　　　　　　　(　　)

4. 园路在分支和交汇处,应加宽其曲线部分。 （　　）

5. 残疾人园路路面宽度不宜小于 1.2 m。 （　　）

6. 面层直接承受人流、车流,是园路路面结构中主要的承重部分。 （　　）

7. 路基强度是影响道路强度的最主要因素。 （　　）

8. 庭院、草坪的照明布置以采用局部照明方式为宜。 （　　）

9. 园路结构应当遵循薄面、强基、稳基土的设计原则。 （　　）

10. 园路面层要求坚固、平稳、耐磨耗。 （　　）

11. 园林中不应只设局部照明而无一般照明。 （　　）

12. 基层是影响道路强度的最主要因素。 （　　）

第五单元　景石假山工程

考点分析

1. 了解景石常用石品种类。

2. 理解置石的组景手法与施工要点。

3. 了解假山的概念、功能。

4. 理解假山石料的选择。

5. 掌握假山的基本结构与施工方法。

6. 理解塑石塑山的种类与施工方法。

题型与分值

题型	2016 年	2017 年	2018 年	2019 年	2020 年	2021 年
单项选择题	—	2 分	3 分	3 分	3 分	3 分
判断题	2 分	2 分	3 分	3 分	3 分	3 分
简答题	5 分	—	—	—	—	—

相关知识

一、景石工程

（一）景石常用石品种类★★★★★

常用石品		产地	特点	实例
太湖石	湖石类	苏州洞庭	质坚而脆,纹理纵横,脉络显隐。扣之有声,窝洞相套,犹如天然雕塑品,观赏价值比较高	苏州留园"冠云峰";苏州"瑞云峰";上海豫园"玉玲珑"
房山石		北京房山	有一定韧性,密度大,扣之无声,多密集的小孔穴而少有大洞,外观比较沉实、浑厚、雄壮	
英石		广东英德	质坚而脆,扣之有声。灰英居多而价低,白英和黑英因物稀而为贵,多用作特置或散置	岭南园林掇山几案石品杭州"绉云峰"
灵璧石	湖石类	安徽灵璧	石色灰而清润,质地亦脆,扣之有声。石面有坳坎的变化,石形亦千变万化	掇山石小品盆景石
宣石		安徽宁国	其色有如积雪覆于灰色石上,也由于为赤土积渍,而带些赤黄色,非刷净不见其质,所以越旧越白	扬州个园冬山深圳锦绣中华的雪山
黄石		常熟虞山苏州、常州、镇江	形体顽劣,见棱见角,节理面近乎垂直,雄浑沉实。平整大方,立体感强,块钝而棱锐,具有强烈的光影效果	上海豫园的假山苏州耦园的假山扬州个园的秋山
青石		北京西郊	质地纯净而少杂质,常有交叉互织的斜纹,多呈片状,故又有"青云片"之称	北海公园濠濮涧北京大学未明湖
石笋		产地多	有白果笋、乌炭笋、慧剑、钟乳石4种。常作独立小景布置,多与竹类配置	扬州个园的春山北京颐和园故宫御花园
黄蜡石		南方各地	形态奇异,多为块料而少有长条形。常作孤景,或散置于草坪、池边和树荫之下	深圳人民公园广西柳州箭盘山
三都石		柳州三都两广、贵州、湖南	具有太湖石的一般特点,自然色泽为灰白,体型大小不一,多为大块状。用草酸或盐酸加洗衣粉洗涤石面,色泽由灰白变成深黑	用于园林造景
木化石	其他石品		古老质朴,常作特置或对置	
积水石			雨水溶蚀石灰岩与山泥沉积形成,多孔隙	盆景或假山
槟榔石		阳朔白沙	其纹理有如槟榔而得名,应用广泛	铺装和道牙
松皮石			外观像松树皮突出斑	
珊瑚石			海洋中珊瑚生长的区域积聚而成的石料	
石蛋			海边、江边或旧河床的大卵石,运用广泛	广州动物园猴山

（二）景石的组景手法★★★★★

组景手法		说明	应用	实例
特置		将形状玲珑剔透、古怪奇特而又比较罕见的大块山石精品，特意设置在一定基座或自然的山石上观赏	作为局部空间的主景或重要配景使用	杭州的绉云峰 上海豫园玉玲珑 苏州瑞云峰、冠云峰 北京颐和园青芝岫 广州海珠花园 苏州狮子林
群置		由若干山石以较大的密度有聚有散地布置成一群，石群内各山石相互联系，相互呼应，关系协调	常用于廊间、粉墙前、路旁、水池中或与其他景物结合造景	北京北海琼华岛南山西麓山坡上，用房山石"攒三聚五"
散置		用少数几块大小不等的山石，按照艺术审美的规律和自然法则搭配组合的一种手法	可布置在山坡、池畔、岛屿、园路两边等	
景石与植物		山石花台：即用自然山石叠砌的挡土墙，其内种植花草树木。 ①花台的平面轮廓应有曲折、进出的变化。 ②花台的立面轮廓要有高低起伏变化。 ③花台的断面和细部要有伸缩、虚实和藏露的变化		
景石与建筑	踏跺与蹲配	踏跺：建筑出入口的部位自然山石做成的台阶。 蹲配：体量大而高者为"蹲"，体量小而低者为"配"		
	抱角与镶隅	抱角：将建筑墙面的外墙基角用山石环抱紧包称为抱角。 镶隅：对于墙内角则以山石填镶其中，称为镶隅		
	粉壁置石	以墙为背景，在面对建筑的墙面、建筑山墙或相当于建筑墙面前留出种植的部位作石景或山景布置		苏州留园鹤所
	廊间小品	半壁廊用山石小品"补白"		上海豫园东园
	尺幅窗无心画	"尺幅窗"：在内墙适当位置开成漏窗。 "无心画"：窗外布置竹石小品之类，通过漏窗，使景入画		
	云梯	以山石掇成的室外楼梯		桂林七星公园

（三）景石施工要点★★★★★

类型	施工要点
特置山石	①应选择体量大、造型轮廓突出、色彩纹理奇特、颇有动势的山石。 ②一般置于相对封闭的小空间，成为局部构图的中心。 ③石高与观赏距离一般介于 $1:2 \sim 1:3$。 ④可采用整形的基座，也可以坐落于自然的山石（磐）面上
群置山石	①布置时要主从有别，宾主分明，搭配适宜。 ②"三不等"原则：石之大小不等、石之高低不等、石之间距不等

续表

类型	施工要点
散置山石	①造景目的性要明确,格局严谨。 ②手法洗练,"寓浓于淡",有聚有散,有断有续,主次分明。 ③高低曲折,顾盼呼应,疏密有致,层次丰富,散而有物,寸石生情

二、假山工程

(一)假山的概念和功能★★★

概念	人们通常称呼的假山实际上包括假山和置石两个部分。 ①假山:以造景游览为主要目的。以土、石等为材料,自然山水为蓝本,人工再造的山水景物。体量大而集中,可观可游。 ②置石:以观赏为主。以具有一定观赏价值的自然山石材料作独立性或附属性的造景布置。体量较小而分散,以观赏为主
功能	①构成主景。 ②划分和组织园林空间。 ③点缀和装饰园林景色。 ④用山石作驳岸、挡土墙、护坡、花台和石阶等。 ⑤作为室内外自然式的家具或器设

(二)假山石的选择★★

注意事项	①按设计图要求了解可能用石料的各种形态,可能拼凑哪些石料及用于何种部位,并通盘考虑山石的形状与用量。 ②相石在先。山石品种繁多,其形态、色泽、脉络、纹理、大小和质地各有不同,因此,掇山之前应先进行相石。相石应该遵循"源石之生,辨石之态,识石之灵"的原则,还要根据地质学上岩石产生状态来选石,要重视山石密度上的差异。 ③尽量采用当地的石料,这样既方便运输,又能减少假山堆叠费用

(三)假山的基本结构★★★★★

组成部分		说明
基础	桩基	一种传统的基础做法,用于水中的假山或山石驳岸。木桩多选用柏木桩、松类桩或杉木桩,平面布置按梅花形排列
	灰土基础	北方地区地下水位一般不高,雨季比较集中,使灰土基础有比较好的凝固条件。北京古典园林中陆地假山基础多采用此种做法
	毛石基础	常有两种:打石钉和铺石。对于土壤比较坚实的土层,可采用毛石基础,多用于中小型园林假山
	混凝土基础	现代假山多采用混凝土基础。混凝土基础耐压强度大,施工进度快。如基土坚实可利用素土槽浇灌

续表

组成部分	说明
拉底	在基础上铺置假山造型的山脚石,术语称为拉底
	拉底要点:①活用;②找平;③错安;④朝向;⑤断续;⑥并靠
中层	位于基石以上,顶层以下的大部分山体,是观赏的主要部位
	叠石要点:①平稳;②连贯;③避槎;④偏安;⑤避"闸";⑥后坚;⑦巧安;⑧重心;⑨错落
收顶	收顶即处理假山最顶层的山石。一般分为峰、峦和平顶三种类型。峰又可分为剑立式、斧立式、流云式、斜劈式、悬垂式等多种形式
做脚	做脚就是用山石砌筑成山脚。在假山上面部分大体完工后,于紧贴起脚石外缘部分拼叠山脚,以弥补起脚造型不足的一种操作技法

(四)假山施工方法★★★

施工程序		假山制模→施工放线→挖槽→基础施工→拉底→中层施工→扫缝→收顶与做脚→验收保养
施工程序	假山制模	假山预制木模板注意要求刨光,适当加长或缩短尺寸,接缝严密,使其不漏浆。要按设计方案塑造好模型,再进一步完善。模型常用1∶10~1∶50的石膏模型
	施工放线	根据设计图纸的位置与形状在地面上放出假山的外形形状。由于基础施工较假山的外形要宽,故放线时应比设计适当放宽
	挖槽	根据基础的深度与大小开挖。多采用人工挖方,挖至基本标高后,将基土夯实
	基础施工	基础是影响假山稳定与景观的关键工序,必须依据设计模型,确定假山重心,并以该重点作为基础施工的标准点,这样才能保证假山的总体轮廓
	拉底	同上述"假山的基本结构"
	中层施工	同上述"假山的基本结构"
	勾缝	现代掇山采用水泥砂浆勾缝,有勾明缝和暗缝两种做法。一般水平方向的缝勾明缝,竖直方向的缝采用暗缝。古典园林的假山施工中用石灰浆勾缝
	收顶做脚	同上述"假山的基本结构"
	验收保养	假山工程竣工后,应加紧检查验收,及时交付使用。经验收合格后,签订正式的验收证书,即移交给使用单位或保养单位进行正式的保养管理工作
山施工技术措施	压	"靠压不靠拓"是叠山的基本常识
	刹	为了安置底面不平的山石,于底下不平处垫一至数块控制平稳和传递重力的垫片,北方假山师傅称为"刹",江南假山师傅称为垫片或重力石
	对边	掌握山石的重心,并保持上下山石的平衡
	搭角	是指石与石之间的相接
	防断	注意石料的裂缝、夹砂层或过于透漏,容易断裂

续表

	施工程序	假山制模→施工放线→挖槽→基础施工→拉底→中层施工→扫缝→收顶与做脚→验收保养
山施工技术措施	忌磨	"怕磨不怕压"
	勾缝和胶结	参见假山的基本结构
施工中应注意的问题		做好施工准备;工期及工程进度安排要适当;山石材料要合理选用;叠山要注意同质、同色、合纹,接形、过渡要处理好;施工注意先后顺序,应自后向前,由主及次,自下而上分层作业等
假山与水景结合时的施工要点		防渗漏
保养与开放		重视黏结材料混凝土的养护期,凝固期后,要冲洗石面,彻底清理现场

三、塑石塑山工程

(一)塑石塑山的种类★★★★

砖骨架塑山	以砖作为塑山的骨架,适用于小型塑山及塑石
钢骨架塑山	以钢材作为塑山的骨架,适用于大型假山

(二)塑石塑山施工方法★★★

	砖骨架塑山	钢骨架塑山
施工程序	基础放样→挖土方→浇混凝土垫层→砖骨架→打底→造型→面层批荡(批荡:面层厚度抹灰,多用砂浆)及上色修饰→成型	基础放样→挖土方→浇混凝土垫层→焊接钢骨架→做分块钢架,铺设钢丝网→双面混凝土打底→造型→面层批荡及上色修饰→成型
施工要点	①按照设计的山石形体,用废旧的山石料砌筑起来,砌体的形状大致与设计石形差不多。②当砌体胚形完全筑好后,就用1:2或1:2.5的水泥砂浆,仿照自然山石石面进行抹面。注:以这种结构形式做成的塑石,石内有空心的,也有实心的	①按照设计的岩石或者假山形体,用钢筋编扎成山石的模坯形状,作为其结构骨架,交叉点用电焊焊牢。②用铁丝网罩在钢筋骨架外面,并用细铁丝紧紧地扎牢。③用粗砂配制的1:2水泥砂浆,从石内石外两面进行抹面。一般要抹面2~3遍,使塑石的石壳总厚度达到4~6 cm。注:采用这种结构形式的塑石作品,石内一般是空的,以后不能受到猛烈撞击

真题演练

一、单项选择题

1.(2017 年)建筑墙面的外墙基角,用山石环绕紧包,这一做法称为(　　)。
　　A.镶隅　　　　　　B.抱脚　　　　　　C.拉底　　　　　　D.做脚

2.(2018 年)苏州留园"冠云峰"的置石手法为(　　)。
　　A.散置　　　　　　B.对置　　　　　　C.特置　　　　　　D.群置

3.(2019 年)建筑墙内角用山石装饰,这一做法称为(　　)。
　　A.抱脚　　　　　　B.做脚　　　　　　C.镶隅　　　　　　D.拉底

4.(2020 年)苏州留园"冠云峰"所用山石是(　　)。
　　A.黄石　　　　　　B.太湖石　　　　　C.青石　　　　　　D.钟乳石

5.(2021 年)扬州个园秋山所用的山石是(　　)。
　　A.太湖石　　　　　B.青石　　　　　　C.黄石　　　　　　D.石笋石

二、判断题

1.(2016 年)以山石为材料作独立性或附属性的造景布置称为置石。　　　　　(　　)

2.(2017 年)塑山在造型上不受石材大小和形态限制,可按照设计意图进行造型。(　　)

3.(2018 年)以山石镶嵌墙内角的造景手法称为镶隅。　　　　　　　　　　　(　　)

4.(2019 年)砖骨架只适用于大型塑山。　　　　　　　　　　　　　　　　　(　　)

5.(2020 年)假山结构包括基础、拉底、中层、收顶和做脚五个部分。　　　　(　　)

6.(2021 年)假山在我国山水园林中的布局多种多样,形状千姿百态。　　　　(　　)

三、问答题

(2016 年)假山的功能有哪些?

习题练习

一、单项选择题

1.产于安徽宁国县,拥有积雪一般外貌的石品是(　　)。
　　A.太湖石　　　　　B.房山石　　　　　C.英石　　　　　　D.宣石

2.园林中常作独立小景,多用于竹类配置的山石是(　　)。
　　A.黄石　　　　　　B.湖石　　　　　　C.青石　　　　　　D.石笋

3.下列石种色黄呈块状,整体性好,多用于瀑布跌水的是(　　)。
　　A.宣石　　　　　　B.黄石　　　　　　C.青石　　　　　　D.钟乳石

4.将奇特罕见的大块山石精品,设置在一定基座上观赏的景石组景手法为(　　)。
　　A.散置　　　　　　B.对置　　　　　　C.特置　　　　　　D.群置

5.群置山石施工要主从有别,宾主分明,下列不属于其配置原则是(　　)。

A. 大小不等　　　　B. 高低不等　　　　C. 间距不等　　　　D. 种类不等

6.北京古典园林中陆地假山基础常采用的做法是(　　)。

A. 木桩基础　　　　B. 灰土基础　　　　C. 毛石基础　　　　D. 混凝土基础

7.在基础上铺置假山造型的山脚石称为(　　)。

A. 基础　　　　B. 拉底　　　　C. 收顶　　　　D. 做脚

8.下列不具备山形,但以奇特的怪石形状为审美特征的石质观赏品是(　　)。

A. 景石　　　　B. 置石　　　　C. 假山　　　　D. 园林塑山

9.由若干山石以较大的密度有聚有散地布置成一群,石群内各山石,相互呼应,关系协调,这种置石方式称(　　)。

A. 特置　　　　B. 对置　　　　C. 散置　　　　D. 群置

10.用少数几块大小不等的山石,按照艺术审美的规律和自然法则搭配组合的手法称(　　)。

A. 特置　　　　B. 对置　　　　C. 散置　　　　D. 群置

11.用墙为背景,在面对建筑的墙面、建筑山墙或相当于建筑墙面前留出种植的部位作石景或山景布置的是(　　)。

A. 尺幅窗　　　　B. 无心画　　　　C. 粉壁置石　　　　D. 云梯

12.假山基本结构中,其质量优劣直接影响假山艺术造型使用功能的首位工程是(　　)。

A. 基础　　　　B. 拉底　　　　C. 中层　　　　D. 收顶

13.用山石砌筑成山脚,于紧贴起脚石外缘部分拼叠山脚,以弥补起脚造型不足一种操作技法称为(　　)。

A. 基础　　　　B. 拉底　　　　C. 做脚　　　　D. 收顶

14.假山工程,一般要做的模型套数为(　　)。

A.1　　　　B.2　　　　C.3　　　　D.4

15.假山制模采用的模型材料为(　　)。

A.3D 打印　　　　B. 石材　　　　C. 木材　　　　D. 石膏

二、判断题

1.从石灰岩山洞中地上长出的为石笋,由顶部下长的为钟乳。　　　　(　　)

2.假山体量大而集中,置石体量较小而分散。　　　　(　　)

3.假山的基本结构中,基础是影响假山稳定与景观的关键工序。　　　　(　　)

4.砖骨架适用于小型假山及塑石。　　　　(　　)

5.山石花台即用自然山石叠砌的挡土墙,其内种植花草树木。　　　　(　　)

6.蹲配常与踏跺结合使用。　　　　(　　)

7.所谓"蹲配",以体量大而高者为"配",体量小而低者为"蹲"。　　　　(　　)

8.将建筑墙面的外墙基角,用山石环抱紧包称为镶隅,对于墙内角则以山石填镶其中,称为抱角。　　　　(　　)

9.云梯是以山石掇成的室内楼梯。　　　　(　　)

10.北京北海琼华岛南山西麓山坡上,用房山石"攒三聚五",疏密有致地构成的石景是群

置。 （　　）

11. 山石拼叠,无论大小,都是靠山石本身重量相互挤压而牢固的,水泥砂浆只起补强和填缝的作用。 （　　）

12. 假山与水景结合时的施工要点是防渗漏。 （　　）

13. 现代掇山广泛采用 1∶1 的水泥砂浆勾缝。一般水平方向的勾暗缝,竖直方向的勾明缝。 （　　）

14. 假山无论采用哪种基础,其表面不宜露出地表,最好低于地表 20 cm。 （　　）

15. 安石争取一次到位,避免在山石上磨动。 （　　）

16. 人们通常称呼假山实际上包括假山和置石两个部分。 （　　）

17. 假山制模的模型比例为 1∶10～1∶50。 （　　）

第六单元　园林工程项目基本操作

考点分析

1. 了解园林工程的概念与特点。
2. 了解园林工程的主要内容与分类。
3. 掌握园林工程建设程序。
4. 掌握园林工程项目招标与投标。

题型与分值

题型	2016 年	2017 年	2018 年	2019 年	2020 年	2021 年
单项选择题	2 分	—	3 分	—	3 分	—
判断题	—	—	—	3 分	—	3 分
简答题	—	—	—	—	—	—

相关知识

一、园林工程的概念与特点★★

园林工程的概念	从广义上说,园林工程是综合的景观建设工程,是由项目起始至设计、施工及后期养护的全过程。 从狭义上说,就是在特定范围内,通过人工手段(艺术的或技艺的)将园林的多个设计要素(也称施工要素)进行工程处理,以使园地达到一定的审美要求和艺术氛围,这一工程实施过程就是园林工程

续表

园林工程的特点	①园林工程的艺术性； ②园林工程的技术性； ③园林工程的综合性； ④园林工程的时空性； ⑤园林工程的安全性； ⑥园林工程的后续性； ⑦园林工程的体验性； ⑧园林工程的生态性与可持续性

二、园林工程的主要内容与分类

（一）园林工程的主要内容★★

工程类别	包含因子	主要内容
项目操作 与管理	①项目调查与可行性报告 ②计划任务书 ③工程招标与投标 ④工程承包合同	重点在于园林工程项目的前期实施与管理，通过项目调查，编订可行性报告、计划任务书，工程的招投标，签订工程承包合同，承包方取得项目的实施权
工程技术要素	①园林地形景观设计 ②土方工程 ③给水排水工程 ④园路工程 ⑤水景工程 ⑥景石与假山工程 ⑦建筑小品工程 ⑧栽植工程 ⑨园林配套工程	这是园林工程的主要部分，是工程的单体技术要素，工程的切入点及工程经验更多以此为基础。实质上是对园林几个设计要素施工技术的详述
工程施工组织 与管理	①施工组织设计或施工方案 ②施工准备工作 ③现场施工组织 ④工程现场监理 ⑤工程竣工验收 ⑥项目移交	内容主要是园林工程施工的组织方法和管理措施、施工方案或施工组织设计编制、工程竣工技术方法。实际上要解决项目现场施工的操作问题

（二）园林工程的分类★★

类别	说明
单项园林工程	根据园林工程建设的内容来划分的，主要定为三类：园林建筑工程、园林构筑工程、园林绿化工程

续表

类别	说明
单位园林工程	在单项园林工程的基础上将园林的个体要素划归相应单项园林工程,例如: ①园林建筑工程可分为亭、廊、榭、花架等建筑工程。 ②园林构筑工程可分为筑山、水体、道路、小品、花池等工程。 ③园林绿化工程可分为道路绿化、行道树移植、庭院绿化、绿化养护等
分部园林工程	根据工程技术要素划分为土方工程、基础工程、砌筑工程、混凝土工程、装饰工程、栽植工程、绿化养护工程等

三、园林工程建设程序★★★★★

程序	说明
计划	计划是对拟建项目进行调查、论证、决策,确定建设地点和规模,写出项目可行性报告,编制计划任务书,报上级相关部门审批。 计划任务书是项目建设确立的前提,是重要的指导性文件
设计	根据已批准的计划任务书,进行建设项目的勘察设计,编制设计概算。园林建设项目一般采用两段设计,即初步设计和施工图设
施工	建设单位根据已确定的年度计划编制工程项目表,经主管单位审核报上级备案后将相关资料及时通知施工单位。 施工单位要做好施工图预算和施工组织设计(或施工方案)编制工作,并严格按照施工图、工程合同及工程质量要求做好生产准备,组织施工
竣工验收	工程竣工后,应尽快召集有关单位和质检部门,根据设计要求和施工技术验收规范进行竣工验收,同时办理竣工交工手续

四、园林工程项目招标与投标★★★★★

工程招投标	说明
工程招标	工程招标是指招标人将其拟发包的内容、要求等对外公布,招引和邀请多家承包单位参与承包工程建设任务的竞争,以便优选择承包单位的活动。 ①在园林工程施工招标中,有公开招标、邀请招标和议标招标3种方式。 ②公开招标最为常用,由招标单位公开邀请承包商参加投标竞争。凡符合规定条件的承包商均可自愿参加投标,投标报名单位数量不受限制。 ③园林工程项目招标时,投标方不得少于3个
工程投标	园林工程投标是指投标人愿意按照招标人规定的条件承包工程,编制投标标书,在规定的期限内向招标人投函,请求承包工程建设任务的活动。 ①园林工程投标中一个关键问题就是投标报价,投标报价是指承包人采取投标方式承揽工程项目时,计算和确定该工程的投标总价格。 ②报价是评标的关键,也是双方签署承包合同的基础

真题演练

一、单项选择题

1.(2016 年)园林工程招投标中,标底的特点是(　　)。

    A. 公开性　　　　　B. 保密性　　　　　C. 连续性　　　　　D. 间断性

2.(2018 年)园林工程项目评标的关键是(　　)。

    A. 施工工期　　　　B. 投标报价　　　　C. 施工方案　　　　D. 工程措施

3.(2020 年)园林工程项目招标时,投标方不得少于(　　)。

    A.1 个　　　　　　B.2 个　　　　　　C.3 个　　　　　　D.4 个

二、判断题

1.(2019 年)园林绿化建设程序一般包括计划、设计、施工和验收四个阶段。　　　　　　(　　)

2.(2021 年)园林施工单位必须把安全工作落实到工程各个环节中。　　　　　　(　　)

习题练习

一、单项选择题

1.下列描述园林工程建设的 4 个阶段,正确的是(　　)。

    A. 计划、投资、施工、交付　　　　　　　　B. 计划、设计、施工、竣工验收

    C. 计划、设计、投资、施工　　　　　　　　D. 计划、设计、施工、交付时间

2.园林工程招投标中,报价的特点是(　　)。

    A. 公开性　　　　　B. 保密性　　　　　C. 连续性　　　　　D. 间断性

3.下列不属于园林工程项目建设中推行招标投标制目的的是(　　)。

    A. 控制工期　　　　　　　　　　　　　　B. 确保工程质量

    C. 降低工程造价　　　　　　　　　　　　D. 提高社会效益

4.园林工程项目公开招标时,投标报名单位的数量应为(　　)。

    A.3 个　　　　　　B.6 个　　　　　　C.9 个　　　　　　D. 不受限制

5.下列园林工程施工招标方式中,最为常用的是(　　)。

    A. 公开招标　　　　B. 邀请招标　　　　C. 议标招标　　　　D. 比选

6.建设工程施工合同示范文本采用(　　)。

    A. 合同条件式文本　　　　　　　　　　　B. 邀约式文本

    C. 通用文本　　　　　　　　　　　　　　D. 专用文本

7.一份标准的施工合同组成部分为(　　)。

    A. 合同标题、合同序文、合同正文和结尾

    B. 合同标题、合同引言、合同正文和结尾

    C. 合同标题、合同正文、合同结尾和附加条款

    D. 合同标题、合同引言、合同正文和附加条款

8. 投标书中,双方签署承包合同的基础是(　　)。

    A. 投标报价　　　　　B. 单价　　　　　　　C. 工期　　　　　　　D. 质量要求

二、判断题

1. 园林工程的主要内容为项目操作与管理、工程技术要素和工程施工组织与管理。

    　　　　　　　　　　　　　　　　　　　　　　　　　　　　　　　　(　　)

2. 工程建设项目以建设单位为发包者招标,以设计、施工单位为承包者投标。　　(　　)

3. 园林工程地形图比例最好为1∶500或1∶1 000。　　　　　　　　　　　　　(　　)

4. 施工合同示范文本由协议书、通用条款、专用条款三部分组成。　　　　　　(　　)

第七单元　园林工程现场施工组织管理

考点分析

1. 了解园林工程项目施工准备工作。

2. 了解项目现场施工管理与组织方法。

3. 了解现场施工质量管理的方法。

4. 理解工程竣工验收的程序与方法。

5. 理解园林工程工程款结算方法。

题型与分值

题型	2016 年	2017 年	2018 年	2019 年	2020 年	2021 年
单项选择题	4 分	2 分	3 分	3 分	—	3 分
判断题	—	2 分	3 分	—	3 分	—
简答题	—	—	—	—	—	—

相关知识

一、园林工程现场施工组织

(一)施工前准备工作★★★★

准备工作	说明
技术准备	①施工单位应根据施工合同的要求,认真审核施工图,体会设计意图。 ②收集相关的技术经济资料、自然条件资料,对施工现场实地踏查。 ③施工单位编制施工预算和施工组织设计,制定施工规范、管理条例等
施工条件准备	①施工中所需的各种材料、构配件、施工机具等要按计划组织到位。 ②组织施工机械进场、安装与调试。 ③制订苗木供应计划。 ④选定山石材料等。 ⑤组织施工队伍,建立劳动组织
施工现场准备	①界定施工范围,进行管线改道,保护名木古树等。 ②进行施工现场工程测量,设置平面控制点与高程控制点。 ③做好水通、路通、电力通、电信通及场地平整工作,即做到"四通一平"。 ④搭设仓库、办公室、宿舍、食堂等临时设施
后勤保障工作	①施工现场应配套有简易医疗点和其他设施。 ②做好劳动保护工作,强化安全意识,搞好现场防火工作等

(二)现场施工管理与组织方法★★★

1. 现场施工管理

概念	园林工程施工管理是施工单位在特定的园址,按设计图纸要求进行的实际施工的综合性管理活动,是具体落实规划意图和设计内容的极其重要的手段
任务	根据建设项目的要求,依据已审批的技术图纸和施工方案,对现场全面合理组织,使劳动资源得到合理配置,保证建设项目按预定目标优质、快速、低耗、安全地完成
作用	①保证项目按计划顺利完成,利于合理组织劳动资源,降低施工成本。 ②保证园林设计意图的实现,确保园林艺术通过工程手段充分表现出来。 ③能及时发现施工过程中可能出现的问题,并通过相应的措施予以解决。 ④利于劳动保护、劳动安全和鼓励技术创新,促进新技术的应用与发展。 ⑤保证各种规章制度、生产责任制、技术标准及劳动定额等得到遵循和落实
主要内容	①工程管理是指对工程项目的全面组织管理。 ②质量管理首要任务是确定质量方针、目标和职责,核心是建立质量体系。 ③安全管理建立相应的安全管理组织,拟定安全管理规范和管理制度。 ④成本管理加强预算管理,进行施工项目成本预测,严格施工成本控制。 ⑤劳务管理除劳务合同、后勤保障外,还要做好劳动保险工作和奖惩制度

2.现场施工组织方法

组织原则		①依照国家政策、法规和工程承包合同中与施工有关的原则。 ②符合园林工程的特点,体现园林综合艺术的原则。 ③采用先进的施工技术和管理方法,选择合理的施工方案的原则。 ④合理安排施工计划,搞好综合平衡,做到均衡施工的原则。 ⑤确保施工质量和施工安全,提高工效的原则。 ⑥重视工程收尾工作的原则
组织管理方法	组织施工	①施工中要有全局意识。 ②组织施工要科学合理。 ③施工过程要做到全面监控
	施工作业计划	①年度计划→季度计划→月份工程计划→日程进度。 ②计划编制:定额控制法、经验估算法、重要指标控制法
组织管理方法	施工任务单	①施工任务单是由施工单位按计划下达给施工班组的文件。 ②施工任务单所规定的任务、指标要明了具体。 ③施工任务单的制定要以作业计划为依据,符合基层作业。 ④任务单所拟的质量、安全、工作要求应具体化,易操作。 ⑤任务单工期以半月至一个月为宜,下达、回收要及时
	施工平面管理	①认真落实现场平面布置图。 ②根据实际工作中的施工条件提出现场布置图修改意见。 ③平面管理的实质是水平工作面的合理组织。 ④在现有的游览景区内施工,要注意园内的秩序和环境。 ⑤平面管理要注意灵活性与机动性。 ⑥必须重视生产安全
	施工调度	①施工组织设计必须切合实际,科学合理。 ②施工调度着重在劳动力及机械设备的调配。 ③施工调度时要确保关键工序的施工。 ④施工调度要密切配合时间进度。 ⑤调度工作要具有及时性、准确性、预防性
	施工过程的检查与监督	①材料检查指对施工所需的材料、设备的质量和数量的确认记录。 ②中间作业检查是施工过程中作业结果的检查验收,分施工阶段检查和隐蔽工程验收两种

(三)现场施工质量管理★★★★
1.园林工程质量要求及评定办法

工程质量要求	园林作品质量	以安全程度、景观水平、外观造型、使用年限、功能要求及经济效益为主
	施工质量	以工作质量为主

续表

工程质量 评定办法	直方图	①一种通过柱状分布区间判断质量优劣的方法。 ②主要用于材料、基础工程等试验性质量的检测。 ③以质量特性为横坐标,以试验数据组成的幅度为纵坐标
	因果图 (鱼刺图)	①是通过质量特性和影响原因的相互关系判断质量的方法。 ②可应用于各类工程项目的质量检测。 ③绘制因果图的关键是明确施工对象及施工中出现的主要问题
	控制图	①把需要加强控制的环节和关键性工序作为质量管理的重点。 ②根据项目确定需要重点管理的工序,绘出工序管理流程图。 ③进行工序分析,根据分析结果编制工序质量管理对策表。 ④编制出质量管理点的作业指导书

2. 工程监理

概念	是指监理单位受项目法人的委托,依据国家批准的工程项目文件,有关工程建设的法律、法规,以及工程建设监理合同及其他工程建设合同,对工程建设实施的监督管理	
作用	工程监理是保证园林工程施工质量的重要环节,也是工程施工中必需的环节	
主要内容	工程项目准备阶段	①投资策划。 ②进行项目可行性研究和编制项目建议。 ③进行项目评估
	项目实施准备阶段	①项目审查、设计方案评选等。 ②协助业主选择勘测、设计单位,签订合同并监督合同的实施。 ③审查设计概预算。 ④协助业主编制招标文件,评审投标书,提出定标建议
	工程项目施工阶段	①协助业主与承包单位拟定开工报告。 ②确认承包单位所选择的分包单位。 ③审查施工单位递交的施工方案、施工组织设计。 ④审查施工方拟出的材料、设备清单及规格、要求、质量标准。 ⑤协调建设方与承包方或相邻各方的关系、争议。 ⑥检查施工安全和中间作业验收。 ⑦工程设计变更的调整与确认。 ⑧监督工程进度,签署工程付款单
	竣工验收阶段	①监督工程验收技术档案材料的整理。 ②组织工程竣工预验收,提出竣工验收报告。 ③核查工程决算
	项目保修养护阶段	①负责检查工程质量状况。 ②鉴定质量责任。 ③监督后期保养工作

二、园林工程竣工验收

(一)竣工验收的程序与方法★★★★

验收程序	说明
施工方自检	施工方查看各项指标是否符合竣工验收标准
提出竣工验收申请	施工方根据已确定的验收时限,向建设方、设计方、监理方发出竣工验收申请函和工程报审单,并根据实际写一份工程竣工验收总结
确定竣工验收办法	四方(施工方、建设方、设计方、监理方)应依据国家或地方的有关验收标准及合同规定的条件,制定出竣工验收的具体办法,并予以公布
绘制竣工图	将施工过程中的改动标于原设计图上,连同其他修改文字资料经确认后,作为竣工验收的材料
预验收	监理方制出验收方案→将方案告之建设方、设计方与施工方→各方分析、熟悉验收方案→组织验收前培训→进行预验收
正式验收	验收时,建设单位、勘测单位、设计单位、施工单位与监理单位均应到场。 验收小组组长主持召开正式竣工验收会议,介绍基本情况→设计单位发言→施工单位发言→监理单位发言→分组对资料认真审查及对实地检查→办理竣工验收证书和工程项目验收签订书→组长签署验收意见→建设单位致辞,验收结束
填报竣工验收意见书	验收人根据施工方提供的材料对工程进行全面认真细致的验收。然后填写"竣工验收意见书"
编写竣工报告	竣工报告是工程交工前的一份重要技术文件,由施工单位会同建设单位、设计单位等一同编制
竣工资料备案	项目验收后,将各种资料汇成表作为该工程竣工验收备案

(二)园林工程工程款结算方法★★

结算方法		应根据不同的承包方式,按承包合同规定条文进行结算
竣工结算书编制内容	工程量差	施工图预算的工程数量与实际施工的工程数量发生的量差
	材料价差	工程开工至竣工期内,因材料价格增减变化而发生的价差
	费用调整	由工程量调整和施工期间国家、地方新的费用政策出台而产生
	其他费用	如点工费、窝工费、土方运费等

真题演练

一、单项选择题

1.(2016年)指导施工现场全部生产活动的技术经济文件是(　　)。

    A.项目建议书　　　　　　　　　　　B.可行性研究报告

    C.施工组织设计　　　　　　　　　　D.施工任务单

2.(2016年)施工现场的"四通一清"是指(　　　)。

    A.水通、电通、气通、通信畅通、场地清理

    B.电通、气通、道路畅通、通信畅通、场地清理

    C.水通、电通、道路畅通、通信畅通、场地清理

    D.水通、气通、道路畅通、通信畅通、场地清理

3.(2017年)提出工程竣工验收申请的单位是(　　　)。

    A.建设单位　　　　B.设计单位　　　　C.施工单位　　　　D.监理单位

4.(2018年)园林工程竣工验收时,办理工程移交手续的双方是(　　　)。

    A.施工单位和建设单位　　　　　　　B.设计单位和施工单位

    C.施工单位和监理单位　　　　　　　D.监理单位和建设单位

5.(2019年)园林施工单位按计划给施工班组下达的文件是(　　　)。

    A.施工招标书　　　B.施工投标书　　　C.施工定额　　　D.施工任务单

6.(2021年)园林项目建设程序中,编制可行性研究报告的工程阶段是(　　　)。

    A.计划阶段　　　　B.设计阶段　　　　C.施工阶段　　　　D.验收阶段

二、判断题

1.(2017年)施工组织是对整个施工过程的合理优化。　　　　　　　　　　(　　　)

2.(2018年)施工组织设计是科学合理组织施工的基础,应认真执行。　　(　　　)

3.(2020年)工程监理是保证园林工程质量的重要环节。　　　　　　　　(　　　)

习题练习

一、单项选择题

1.园林工程项目建设中,接收施工任务单的单位是(　　　)。

    A.施工班组　　　　B.建设单位　　　　C.主管部门　　　　D.项目经理

2.下列属于施工现场准备的内容是(　　　)。

    A.施工图　　　　　B.施工预算　　　　C.施工材料　　　　D."四通一平"

3.下列不属于施工管理的作用是(　　　)。

    A.保证项目按计划顺利完成　　　　　B.保证园林设计意图的实现

    C.及时发现问题并协调解决　　　　　D.保证项目竣工后顺利验收

4.园林工程施工质量的主要评价指标是(　　　)。

    A.使用年限　　　　B.外观造型　　　　C.工作效益　　　　D.工作质量

5.下列主要用于材料、基础工程等试验性质量检测的方法是(　　　)。

    A.直方图　　　　　B.因果图　　　　　C.控制图　　　　　D.施工图

6.施工任务单由施工单位给施工单位或施工队所属班组下达的(　　　)。

A.按季度施工计划任务　　　　B.按年度施工计划任务

C.按月施工计划任务　　　　　D.按周施工计划任务

7.施工过程检查,根据检查对象的不同,分为材料检查和(　　)。

　　A.中间作业检查　　B.设备检查　　C.工具检查　　　D.人员检查

8.园林工程监理委托的方式主要有直接委托、全程监理、阶段监理和(　　)。

　　A.招标委托　　　　B.间接委托　　　C.直接指定　　　D.协议委托

二、判断题

1.园林工程施工管理是落实规划意图和设计内容极其重要的手段。　　　　　　　(　　)

2.常用的施工作业计划的编制方法有定额控制法、经验估算法、重要指标控制法。(　　)

3.工程监理是园林工程施工中的必需环节。　　　　　　　　　　　　　　　　　(　　)

4.工程竣工预验收的程序应该与正式验收相同。　　　　　　　　　　　　　　　(　　)

5.工程竣工结算,意味着承发包双方关系的最后结束。　　　　　　　　　　　　(　　)

6.施工单位应根据施工合同的要求,审核施工图,体会设计意图。　　　　　　　(　　)

7.技术交底是指向基层施工组织交代清楚施工任务、施工工期、技术要求等。　　(　　)

8.因果图是通过质量特性和影响原因的相互关系判断质量的方法。　　　　　　　(　　)

2016 年重庆市高等职业教育分类考试园林类专业综合理论测试题试卷

园林类专业综合理论测试题试卷共 3 页。总分 150 分。考试时间 150 分钟。

注意事项:

1. 作答前,考生务必将自己的姓名、考场号、座位号填写在试卷的规定位置上。
2. 作答时,务必将答案写在答题卡上。写在试卷及草稿纸上无效。
3. 考试结束后,将答题卡、试卷、草稿纸一并交回。

一、单项选择题(共 30 小题,每小题 2 分,共 60 分)

在每小题给出的四个选项中,只有一项是最符合题目要求的。

1. 下列不适宜用作棚架绿化的植物是(　　)。
   A. 金银花　　　　　B. 常春藤　　　　　C. 葡萄　　　　　D. 金钱松

2. 由两株以上到十余株乔、灌木自然组合栽植在一起的配植方式是(　　)。
   A. 对植　　　　　B. 群植　　　　　C. 丛植　　　　　D. 林植

3. 下列最宜用于生态鱼缸的水生植物类型是(　　)。
   A. 挺水植物　　　B. 浮水植物　　　C. 漂浮植物　　　D. 沉水植物

4. 生物自然分类系统中,最基本的单位是(　　)。
   A. 目　　　　　　B. 科　　　　　　C. 属　　　　　　D. 种

5. 下列属于单子叶植物的是(　　)。
   A. 玫瑰　　　　　B. 毛竹　　　　　C. 香樟　　　　　D. 含笑

6. 下列不属于常绿树的是(　　)。
   A. 假槟榔　　　　B. 石楠　　　　　C. 悬铃木　　　　D. 南洋杉

7. 下列植物中,属于灌木的是(　　)。
   A. 樱花　　　　　B. 柳杉　　　　　C. 垂柳　　　　　D. 月季

8. 下列植物中,秋季叶片变黄的是(　　)。
   A. 桂花　　　　　B. 构骨　　　　　C. 银杏　　　　　D. 山茶

9. 保肥供肥性能最好的土壤是(　　)。
   A. 石砾　　　　　B. 沙土　　　　　C. 黏土　　　　　D. 壤土

10. 对植物生长最有效的土壤水分类型是(　　)。
    A. 重力水　　　　B. 吸湿水　　　　C. 毛管水　　　　D. 膜状水

11. 可作根外追肥施用的肥料是(　　)。
    A. 尿素　　　　　B. 过磷酸钙　　　C. 钙镁磷肥　　　D. 骨粉

12. 落叶树木正常落叶后至翌春树液开始流动前的时期,被称为(　　)。
　　A. 生长期　　　　　　　　　　　　B. 生长转入休眠的过渡期
　　C. 休眠期　　　　　　　　　　　　D. 休眠转入生长的过渡期

13. 既开花又长枝叶的芽称为(　　)。
　　A. 混合芽　　　　B. 叶芽　　　　C. 中间芽　　　　D. 盲芽

14. 有利于枝叶量增多和新梢生长的营养元素是(　　)。
　　A. 氮素　　　　　B. 磷素　　　　C. 钾素　　　　　D. 钙素

15. 人行道上栽植的行树,其分枝点高度一般不低于(　　)。
　　A. 1.5 m　　　　B. 2.5 m　　　　C. 3.5 m　　　　D. 4.5 m

16. 在树木种植穴的外侧筑堰,灌水至满,让水慢慢向下渗透的灌溉方法被称为(　　)。
　　A. 树盘灌溉　　　B. 喷灌　　　　C. 沟灌　　　　　D. 漫灌

17. 用锋利的刀在芽的上方或下方横切并深达木质部的修剪方法称为(　　)。
　　A. 环状剥皮　　　B. 刻伤　　　　C. 扭梢　　　　　D. 折梢

18. 利用螳螂、草蛉、食蚜蝇等来消灭害虫的防治措施属于(　　)。
　　A. 以鸟治虫　　　B. 以虫治虫　　C. 以菌治虫　　　D. 化学防治

19. 将枝条从分枝点的基部剪去的修剪方法称为(　　)。
　　A. 截　　　　　　B. 疏　　　　　C. 伤　　　　　　D. 放

20. 根外追肥通常将肥液浓度控制在(　　)。
　　A. 0.1% ~ 0.2%　　B. 1.3% ~ 1.4%　　C. 1.5% ~ 1.6%　　D. 1.7% ~ 1.8%

21. 用草绳缠绕树干的防寒措施被称为(　　)。
　　A. 包扎法　　　　B. 设风障　　　C. 盖筐　　　　　D. 培土法

22. 将栽培的植物移到另一个盆中去栽的操作过程称为(　　)。
　　A. 转盆　　　　　B. 倒盆　　　　C. 换盆　　　　　D. 翻盆

23. 古树名木的树龄为(　　)。
　　A. 10 ~ 20 年　　B. 30 ~ 50 年　　C. 60 ~ 80 年　　D. 100 年以上

24. 带状山体土方量计算最适宜的方法是(　　)。
　　A. 估算法　　　　B. 垂直断面法　　C. 水平断面法　　D. 方格网法

25. 公园排除雨水的主要方法是(　　)。
　　A. 地面排水　　　B. 明沟排水　　C. 管道排水　　　D. 盲沟排水

26. 下列属于静态水景的是(　　)。
　　A. 瀑布　　　　　B. 水池　　　　C. 跌水　　　　　D. 涌泉

27. 现浇水泥混凝土路面属于(　　)。
　　A. 整体路面　　　B. 块料路面　　C. 碎料路面　　　D. 简易路面

28. 园林工程招投标中,标底的特点是(　　)。
　　A. 公开性　　　　B. 保密性　　　C. 连续性　　　　D. 间断性

29. 指导施工现场全部生产活动的技术经济文件是(　　)。
　　A. 项目建议书　　　　　　　　　　B. 可行性研究报告
　　C. 施工组织设计　　　　　　　　　D. 施工任务单

30. 施工现场的"四通一清"是指(　　　　)。

    A. 水通、电通、气通、通信畅通、场地清理

    B. 电通、气通、道路畅通、通信畅通、场地清理

    C. 水通、电通、道路畅通、通信畅通、场地清理

    D. 水通、气通、道路畅通、通信畅通、场地清理

二、判断题(共 30 小题,每小题 2 分,共 60 分)

31. 乡土树种观赏价值低,园林绿化中应少用。（　　　）

32. 花坛栽植床既可种植草本植物,又可种植木本植物。（　　　）

33. 绿化树种的选择与配植要做到适地适树。（　　　）

34. 蕨类植物多为草本植物。（　　　）

35. 裸子植物和被子植物都能产生种子。（　　　）

36. 裸子植物大多是高大乔木,极少数是灌木。（　　　）

37. 大叶黄杨耐修剪,可以用作绿篱。（　　　）

38. 紫藤属常绿藤本植物,多用作棚架、门廊绿化材料。（　　　）

39. 矮牵牛为多年生宿根花卉,适于花坛及自然式布置。（　　　）

40. 黑麦草被称为"先锋草种",常用于急需草坪。（　　　）

41. 工业废气、废渣等会改变土壤的酸碱性,导致园林植物的根际环境遭到破坏。（　　　）

42. 苗床用土、盆花用土、露地花圃用土,在使用前不必彻底消毒。（　　　）

43. 追肥是指播种或幼苗栽植时施用的肥料。（　　　）

44. 单芽是指一个节位上着生 2 个及 2 个以上的芽。（　　　）

45. 只能长枝叶的芽叫花芽。（　　　）

46. 厩肥是以家畜粪尿为主,混以各种垫圈材料积制而成的肥料。（　　　）

47. 除草要掌握"除早,除小,除了"的原则。（　　　）

48. 修剪时可以撕裂树皮,折枝断枝。（　　　）

49. 外地或病区的苗木,必须经过检疫才能准入,并要消毒后才能栽种。（　　　）

50. 抹芽是将树木主干、主枝基部或大枝伤口附近不必要的嫩芽抹除。（　　　）

51. 绿化种植穴或种植槽的周壁上下大体垂直,而不应成为"锅底""V"形。（　　　）

52. 植物正常生长发育需要的最小土层厚度因植物种类而不同。（　　　）

53. 扦盆是指用竹片、小铁耙等工具来疏松盆土,除去青苔和杂草的操作方法。（　　　）

54. 植物在花芽分化期、孕蕾期、开花期应多施氮肥。（　　　）

55. 古树名木均应在调查的基础上加以分级,编辑建档,并设立永久性标牌。（　　　）

56. 地形竖向设计应少搞微地形,尽可能进行大规模的挖湖堆山,增加景观效果。（　　　）

57. 园林中地形起伏多变有利于地面水的排除。（　　　）

58. 湖的景观特点是水面宽阔平静,具有平远开朗之感。（　　　）

59. 基层是园路路面结构中主要的承重部分。（　　　）

60. 以山石为材料作独立性或附属性的造景布置称为置石。（　　　）

三、问答题(共6小题,每小题5分,共30分)

61. 园林植物自然式配植方式有哪些?

62. 雪松的观赏特征及园林用途有哪些?

63. 追肥的方法有哪些?

64. 大枝剪截的"三锯法"步骤是什么?

65. 带土球苗的栽植步骤是什么?

66. 假山的功能有哪些?

2017 年重庆市高等职业教育分类考试园林类专业综合理论测试题试卷

园林类专业综合理论测试题试卷共 3 页。总分 150 分。考试时间 150 分钟。

注意事项:

1. 作答前,考生务必将自己的姓名、考场号、座位号填写在试卷的规定位置上。

2. 作答时,务必将答案写在答题卡上。写在试卷及草稿纸上无效。

3. 考试结束后,将答题卡、试卷、草稿纸一并交回。

一、单项选择题(共 30 小题,每小题 2 分,共 60 分)

在每小题给出的四个选项中,只有一项是最符合题目要求的。

1. 下列不属于园林树木配植原则的是( )。
   A. 美观　　　　　B. 高档　　　　　　C. 实用　　　　　　D. 经济

2. 下列不属于行道树选择要求的是( )。
   A. 抗污染　　　　B. 耐修剪　　　　　C. 病虫害少　　　　D. 价格高

3. 睡莲属于( )。
   A. 挺水植物　　　B. 浮水植物　　　　C. 漂浮植物　　　　D. 沉水植物

4. 下列不属于观果类植物的是( )。
   A. 火棘　　　　　B. 石榴　　　　　　C. 牡丹　　　　　　D. 佛手

5. 将生物划分为植物界和动物界的瑞典科学家是( )。
   A. 达尔文　　　　B. 华莱士　　　　　C. 拉马克　　　　　D. 林奈

6. 下列不属于落叶树的是( )。
   A. 银杏　　　　　B. 樱花　　　　　　C. 山茶　　　　　　D. 红叶李

7. 下列植物中,自然花期在冬季的是( )。
   A. 蜡梅　　　　　B. 荷花　　　　　　C. 牡丹　　　　　　D. 桃

8. 下列植物中,不适宜作绿篱的是( )。
   A. 含笑　　　　　B. 广玉兰　　　　　C. 檵木　　　　　　D. 大叶黄杨

9. 仙人掌属于( )。
   A. 宿根花卉植物　B. 球根花卉植物　　C. 水生植物　　　　D. 多肉多浆植物

10. 植物利用土壤水分的主要形态是( )。
    A. 吸湿水　　　　B. 膜状水　　　　　C. 毛管水　　　　　D. 地下水

11. 土壤肥力的核心是( )。
    A. 土壤空气　　　B. 土壤水分　　　　C. 土壤热量　　　　D. 土壤养分

12. 下列属于先开花后展叶的植物是( )。
    A. 龙爪槐   B. 马褂木   C. 紫荆   D. 西府海棠

13. 引起植株徒长,造成枝条不充实的营养元素是( )。
    A. 氮素   B. 铁素   C. 硼素   D. 锰素

14. 同一枝条上不同部位的芽存在着形态和质量的差异称为( )。
    A. 芽的异质性   B. 芽的早熟性
    C. 芽的晚熟性   D. 芽的潜伏性

15. 在萌发期未萌发,待第二年或数年后再萌发的芽,称为( )。
    A. 隐芽   B. 花芽   C. 叶芽   D. 中间芽

16. 枝叶停止生长并萎缩,小叶密集丛生,质厚而脆表明植物缺( )。
    A. 磷   B. 锌   C. 钾   D. 钙

17. 孤植树最适合的灌溉方式是( )。
    A. 树盘灌溉   B. 喷灌   C. 沟灌   D. 漫灌

18. 根外追肥通常将肥液浓度控制为( )。
    A. 0.1% ~ 0.5%   B. 0.5% ~ 1.0%   C. 1.0% ~ 1.5%   D. 1.5% ~ 2.0%

19. 将多年生枝条的一部分剪掉,称为( )。
    A. 摘心   B. 重短剪   C. 短剪   D. 回缩

20. 植物修剪的剪口一般离剪口芽顶尖的距离是( )。
    A. 0.5 ~ 1.0 cm   B. 1.0 ~ 1.5 cm   C. 1.5 ~ 2.0 cm   D. 2.0 ~ 2.5 cm

21. 将植物栽植于容器中的过程称为( )。
    A. 上盆   B. 排盆   C. 松盆   D. 换盆

22. 仅有一个南倾斜透光屋面的温室称为( )。
    A. 单屋面温室   B. 圆拱形屋面温室   C. 双屋面温室   D. 连栋温室

23. 对进场后的苗木进行品种、规格、质量和数量的校核,这一环节称为( )。
    A. 卸车   B. 验苗   C. 散苗   D. 栽植

24. 被列为一级保护的古树名木,树龄为( )。
    A. 100 年以下   B. 100 ~ 200 年   C. 300 ~ 500 年   D. 500 年以上

25. 土方工程中,当施工标高为"−"时,说明此处需要( )。
    A. 填方   B. 挖方   C. 调度   D. 不挖不填

26. 下列关于园林排水特点的叙述,不正确的是( )。
    A. 主要排除雨水和少量生活污水
    B. 园林中地形起伏多变不利于地面水的排除
    C. 园林绿地植被丰富,可以吸收部分雨水
    D. 园林排水方式可采用多种形式,尽可能结合园林造景进行

27. 景观水池池壁与地面的高差宜控制在( )。
    A. 0.45 m 以内   B. 0.60 m 以内   C. 0.75 m 以内   D. 0.90 m 以内

28. 花街铺地属于( )。
    A. 整体路面   B. 块料路面   C. 碎料路面   D. 简易路面

29. 建筑墙面的外墙基角,用山石环绕紧包,这一做法称为( )。
    A. 镶隅　　　　　B. 抱脚　　　　　C. 拉底　　　　　D. 做脚

30. 提出工程竣工验收申请的单位是( )。
    A. 建设单位　　　B. 设计单位　　　C. 施工单位　　　D. 监理单位

二、判断题(共 30 小题,每小题 2 分,共 60 分)

31. 黄瓦红墙的宫殿式建筑配以苍松翠柏,可以起到衬托建筑的效果。　　　　　(　)

32. 单子叶植物主根发达,多为直根系。　　　　　　　　　　　　　　　　　(　)

33. 禾本科植物都是一年生或多年生草本植物。　　　　　　　　　　　　　　(　)

34. 被子植物内部结构分化完善,比裸子植物适应性强。　　　　　　　　　　(　)

35. 叶子花属藤本植物,多用于垂直绿化,不能用作盆栽造型。　　　　　　　(　)

36. 香樟根深叶茂,冠大荫浓,可用作行道树。　　　　　　　　　　　　　　(　)

37. 三色堇花色瑰丽,株型低矮,可用作花坛、花境及镶边植物。　　　　　　(　)

38. 红花酢浆草耐阴,常用于布置树坛。　　　　　　　　　　　　　　　　　(　)

39. 红叶石楠属落叶灌木。　　　　　　　　　　　　　　　　　　　　　　　(　)

40. 土壤有机质是衡量土壤肥力的重要指标。　　　　　　　　　　　　　　　(　)

41. 沙土是园林植物生长发育最理想的土壤。　　　　　　　　　　　　　　　(　)

42. 不同植物种类需肥规律各不相同。　　　　　　　　　　　　　　　　　　(　)

43. 既能开花又能长枝叶的芽称为混合芽。　　　　　　　　　　　　　　　　(　)

44. 园林树木的年生长周期呈顺序性和重演性的变化。　　　　　　　　　　　(　)

45. 园林植物经历生长、结果、衰老、死亡的过程,称为生命周期。　　　　　(　)

46. 花灌木在花芽分化前要控制磷肥,增施氮肥。　　　　　　　　　　　　　(　)

47. 深根性植物松土深度一般为 5～10 cm。　　　　　　　　　　　　　　　(　)

48. 刻伤是指用刀在芽的上方或下方横切至枝条的韧皮部。　　　　　　　　　(　)

49. 除蘖是将植物基部新抽生的不必要的萌蘖剪除。　　　　　　　　　　　　(　)

50. 行道树定点放线时,一般以路牙或道路中轴线为基准。　　　　　　　　　(　)

51. 远距离运输裸根苗,需要填充保湿材料。　　　　　　　　　　　　　　　(　)

52. 新植苗木在寒潮来临前,应做好覆土、裹干、设立风障等保温工作。　　　(　)

53. 标准塑料大棚一般采用"三膜覆盖"。　　　　　　　　　　　　　　　　　(　)

54. 寄根接法可以挽救古树名木,促进其生长发育。　　　　　　　　　　　　(　)

55. 地形设计的方法主要有等高线法、断面法、模型法等。　　　　　　　　　(　)

56. 园林中用水高峰时间不可以错开。　　　　　　　　　　　　　　　　　　(　)

57. 瀑布属动态水景,其水势造型有奔泻、旋流、激起等形态。　　　　　　　(　)

58. 园路平面位置及宽度应根据设计环境而定,做到主次分明。　　　　　　　(　)

59. 塑山在造型上不受石材大小和形态限制,可按照设计意图进行造型。　　　(　)

60. 施工组织是对整个施工过程的合理优化。　　　　　　　　　　　　　　　(　)

三、简答题(共6小题,每小题5分,共30分)

61. 园林植物规则式配植形式有哪些?

62. 月季的园林用途有哪些?

63. 土壤结构类型有哪些?

64. 园林植物养护管理的内容是什么?

65. 带土球起苗的步骤是什么?

66. 园路的功能有哪些?

2018 年重庆市高等职业教育分类考试园林类专业综合理论测试题试卷

园林类专业综合理论测试题试卷共3页。总分200分。考试时间120分钟。

注意事项:

1.作答前,考生务必将自己的姓名、考场号、座位号填写在试卷的规定位置上。

2.作答时,务必将答案写在答题卡上。写在试卷及草稿纸上无效。

3.考试结束后,将答题卡、试卷、草稿纸一并交回。

一、单项选择题(共 30 小题,每小题 3 分,共 90 分)

在每小题给出的四个选项中,只有一项是最符合题目要求的。

1.荷花属于( )。

　　A.挺水植物　　　　B.浮水植物　　　　C.沉水植物　　　　D.漂浮植物

2.行道树的配植通常采用( )。

　　A.孤植　　　　　　B.列植　　　　　　C.片植　　　　　　D.丛植

3.下列适宜作孤植树的植物是( )。

　　A.黄葛树　　　　　B.天门冬　　　　　C.菊花　　　　　　D.肾蕨

4.下列属于一、二年生植物的是( )。

　　A.小叶女贞　　　　B.大叶黄杨　　　　C.鸡冠花　　　　　D.山茶

5.双名法规定用两个拉丁词作为植物的学名,其中第一个词是( )。

　　A.种名　　　　　　B.属名　　　　　　C.科名　　　　　　D.定名人

6.下列属于先开花后展叶的植物是( )。

　　A.合欢　　　　　　B.木槿　　　　　　C.白玉兰　　　　　D.石榴

7.下列植物中,被称为"活化石"的是( )。

　　A.黄葛树　　　　　B.香樟　　　　　　C.榕树　　　　　　D.银杏

8.水杉属于( )。

　　A.常绿针叶树　　　B.落叶阔叶树　　　C.常绿阔叶树　　　D.落叶针叶树

9.下列不属于多肉多浆植物的是( )。

　　A.虎尾兰　　　　　B.仙人掌　　　　　C.芦荟　　　　　　D.肾蕨

10.下列属于园林养护机具的是( )。

　　A.旋耕机　　　　　B.绿篱修剪机　　　C.挖掘机　　　　　D.推土机

11.以小股水流的形式灌溉土壤的灌水方法,称为( )。

　　A.滴灌　　　　　　B.微喷灌　　　　　C.涌泉灌　　　　　D.渗灌

12. 乔木带土球起苗时,土球直径最小为其胸径的(　　)。
　　A. 2~4 倍　　　　B. 6~8 倍　　　　C. 10~12 倍　　　　D. 14~16 倍
13. 用速效肥料进行叶面施肥,浓度范围一般为(　　)。
　　A. 0.1%~0.3%　　B. 0.3%~0.5%　　C. 0.5%~0.7%　　D. 0.7%~0.9%
14. 有两个相等屋面的温室是(　　)。
　　A. 单屋面温室　　B. 双屋面温室　　C. 平顶屋面温室　　D. 圆拱屋面温室
15. 具有排水良好、透气性强、质地粗糙特征的花盆是(　　)。
　　A. 瓦盆　　　　　B. 釉盆　　　　　C. 塑料盆　　　　　D. 纸盆
16. 将植物从原来的容器中取出的换盆方法称为(　　)。
　　A. 上盆　　　　　B. 排盆　　　　　C. 松盆　　　　　　D. 脱盆
17. 园林植物修剪不能达到的效果是(　　)。
　　A. 调节树姿　　　B. 改良品种　　　C. 改善通风　　　　D. 健壮树势
18. 下列植物适宜修剪为圆球形的是(　　)。
　　A. 雪松　　　　　B. 水杉　　　　　C. 海桐　　　　　　D. 银杏
19. 把主干或粗大的主枝锯断的修剪措施称为(　　)。
　　A. 截干　　　　　B. 短截　　　　　C. 疏剪　　　　　　D. 短剪
20. 对行道树进行整形修剪,其枝下高不宜低于(　　)。
　　A. 1.0 m　　　　B. 1.5 m　　　　C. 2.0 m　　　　　D. 2.5 m
21. 高尔夫球场草坪最适宜的灌溉方式是(　　)。
　　A. 沟灌　　　　　B. 喷灌　　　　　C. 漫灌　　　　　　D. 滴灌
22. 下列不能用于园林植物灌溉的是(　　)。
　　A. 河水　　　　　B. 湖水　　　　　C. 井水　　　　　　D. 工业废水
23. 下列不能用于土壤疏松的是(　　)。
　　A. 锯末粉　　　　B. 泥炭　　　　　C. 除草剂　　　　　D. 谷糠
24. 土方工程中,当施工标高为"+"时,说明此处需要(　　)。
　　A. 填方　　　　　B. 挖方　　　　　C. 压实　　　　　　D. 不挖不填
25. 足球场最适宜的排水方法是(　　)。
　　A. 地面排水　　　B. 明沟排水　　　C. 管道排水　　　　D. 盲沟排水
26. 溪流的设计宽度通常为(　　)。
　　A. 1~2 m　　　　B. 4~5 m　　　　C. 7~8 m　　　　　D. 10~11 m
27. 沥青混凝土路面属于(　　)。
　　A. 整体路面　　　B. 块料路面　　　C. 碎料路面　　　　D. 简易路面
28. 苏州留园"冠云峰"的置石手法为(　　)。
　　A. 散置　　　　　B. 对置　　　　　C. 特置　　　　　　D. 群置
29. 园林工程项目评标的关键是(　　)。
　　A. 施工工期　　　B. 投标报价　　　C. 施工方案　　　　D. 工程措施
30. 园林工程竣工验收时,办理工程移交手续的双方是(　　)。
　　A. 施工单位和建设单位　　　　　　　B. 设计单位和施工单位

C. 施工单位和监理单位　　　　　　D. 监理单位和建设单位

二、判断题（共 27 小题,每小题 3 分,共 81 分）。

31. 园林植物是公园、风景区及城镇绿化的基本材料。（　　）
32. 睡莲是挺水植物。（　　）
33. 生物自然分类系统中,最基本的单位是"科"。（　　）
34. 裸子植物和被子植物合称为种子植物。（　　）
35. 香樟是落叶乔木。（　　）
36. 虞美人是优良的花坛和花境材料。（　　）
37. 郁金香是球根植物。（　　）
38. 蜡梅是常见的冬季观花植物。（　　）
39. 自走式草坪修剪机工作时以恒定速度向前推进。（　　）
40. 园林机具应定期清洗或更换滤芯。（　　）
41. 裸根起苗仅适用于灌木。（　　）
42. 苗木栽植完毕后,应在围堰内浇透定根水。（　　）
43. 塑料大棚具有结构简单、投资少的优点。（　　）
44. 植物上盆时,盆土应低于盆口约 1.5 cm,以利于浇水。（　　）
45. 无土栽培节水节肥,是现代农业先进的栽培技术。（　　）
46. 雨水不能用于园林植物的灌溉。（　　）
47. 一般乔木具有较强的顶端优势,去掉顶芽可促使下部腋芽萌发。（　　）
48. 园林植物修剪在休眠期、生长期均可进行。（　　）
49. 豆科植物伴有固氮根瘤菌,可以用于土壤改良。（　　）
50. 土壤水分不会影响植物对养分的吸收和利用。（　　）
51. 大叶黄杨萌芽发枝能力强,耐修剪。（　　）
52. 地形设计中,等高线密表示坡陡,疏表示坡缓。（　　）
53. 地面排水应采取合理措施来防止雨水径流对地面的冲刷。（　　）
54. 护坡是一面临水的挡土墙,有明显的墙身。（　　）
55. 路堑型园路的路面高于两侧地面。（　　）
56. 以山石填镶墙内角的造景手法称为镶隅。（　　）
57. 施工组织设计是科学合理组织施工的基础,应认真执行。（　　）

三、简答题（共 3 小题,58 和 59 题各 10 分,60 题 9 分,共 29 分）

58. 请列举 5 种适宜用作棚架绿化的植物。

59. 简要回答园林植物病虫害防治措施。

60. 简要回答大树移栽时,软材包扎土球的方式。

2019年重庆市高等职业教育分类考试园林类专业综合理论测试题试卷

园林类专业综合理论测试题试卷共3页。总分200分。考试时间120分钟。

注意事项：

1. 作答前,考生务必将自己的姓名、考场号、座位号填写在试卷的规定位置上。
2. 作答时,务必将答案写在答题卡上。写在试卷及草稿纸上无效。
3. 考试结束后,将答题卡、试卷、草稿纸一并交回。

一、单项选择题(共30小题,每小题3分,共90分)

在每小题给出的四个选项中,只有一项是最符合题目要求的。

1. 下列不适宜作孤植树的植物是(   )。
    A. 黄葛树　　　　　B. 合欢　　　　　　C. 雪松　　　　　　D. 菊花

2. 下列属于漂浮植物的是(   )。
    A. 凤眼莲　　　　　B. 荷花　　　　　　C. 芦苇　　　　　　D. 菖蒲

3. 下列属于双子叶植物的是(   )。
    A. 广玉兰　　　　　B. 百合　　　　　　C. 棕榈　　　　　　D. 毛竹

4. 下列属于观果类植物的是(   )。
    A. 红枫　　　　　　B. 八角金盘　　　　C. 龟背竹　　　　　D. 石榴

5. 桂花属于(   )。
    A. 木犀科　　　　　B. 十字花科　　　　C. 槭树科　　　　　D. 石竹科

6. 下列属于藤本植物的是(   )。
    A. 紫荆　　　　　　B. 紫薇　　　　　　C. 木槿　　　　　　D. 葡萄

7. 下列最宜用于足球场的草坪草是(   )。
    A. 红花酢浆草　　　B. 沿阶草　　　　　C. 吉祥草　　　　　D. 狗牙根

8. 蜡梅属于(   )。
    A. 落叶灌木　　　　B. 常绿灌木　　　　C. 落叶乔木　　　　D. 常绿乔木

9. 下列属于球根植物的是(   )。
    A. 郁金香　　　　　B. 文竹　　　　　　C. 一串红　　　　　D. 结缕草

10. 下列属于园林植保机具的是(   )。
    A. 旋耕机　　　　　B. 起苗机　　　　　C. 播种机　　　　　D. 喷雾机

11. 草坪修剪机的剪草高度应遵循(   )。
    A. 1/2法则　　　　　B. 1/3法则　　　　　C. 1/4法则　　　　　D. 1/5法则

12. 下列能用于根系伤口杀菌的是(　　)。
　　A. 生根剂　　　　　B. 杀虫剂　　　　　C. 防腐剂　　　　　D. 催熟剂

13. 园林植物带土球起苗,土球高度通常为土球直径的(　　)。
　　A. 2/3　　　　　B. 2/5　　　　　C. 1/3　　　　　D. 1/5

14. 下列温室加温方法中,容易污染环境的是(　　)。
　　A. 热水加温　　　　　B. 烟道加温　　　　　C. 热风加温　　　　　D. 蒸汽加温

15. 园林植物水分蒸腾量最大的季节是(　　)。
　　A. 春季　　　　　B. 夏季　　　　　C. 秋季　　　　　D. 冬季

16. 下列不能用于无土栽培的水源是(　　)。
　　A. 雨水　　　　　B. 河水　　　　　C. 井水　　　　　D. 污水

17. 园林树木地上部与地下部交界处称为(　　)。
　　A. 树根　　　　　B. 根颈　　　　　C. 主干　　　　　D. 树冠

18. 下列适合采用"三主六杈十二枝"杯状造型的树木是(　　)。
　　A. 银杏　　　　　B. 水杉　　　　　C. 雪松　　　　　D. 悬铃木

19. 矮篱的控制高度一般为(　　)。
　　A. 160 cm 以上　　　B. 120~160 cm　　　C. 50~120 cm　　　D. 50 cm 以下

20. 将尿素配成溶液来喷洒植物枝叶的施肥方法属于(　　)。
　　A. 环状沟施肥　　　B. 放射沟施肥　　　C. 穴状施肥　　　D. 根外追肥

21. 草坪最适合的灌溉方式是(　　)。
　　A. 滴灌　　　　　B. 漫灌　　　　　C. 沟灌　　　　　D. 喷灌

22. 防治植物病害的最佳时期是(　　)。
　　A. 接触期　　　　　B. 侵入期　　　　　C. 潜育期　　　　　D. 发病期

23. 采用灌溉驱除地下害虫的防治措施属于(　　)。
　　A. 栽培防治法　　　B. 生物防治法　　　C. 化学防治法　　　D. 植物检疫

24. 下列最具三维空间表现力的地形设计方法是(　　)。
　　A. 等高线法　　　B. 垂直断面法　　　C. 水平断面法　　　D. 模型法

25. 公园茶室生活污水的主要排水方法是(　　)。
　　A. 地面排水　　　B. 明沟排水　　　C. 管道排水　　　D. 盲沟排水

26. 下列最适宜营造水镜面效果的理水方式是(　　)。
　　A. 湖　　　　　B. 瀑　　　　　C. 溪　　　　　D. 泉

27. 青砖人字纹铺地属于(　　)。
　　A. 整体路面　　　B. 块料路面　　　C. 碎料路面　　　D. 简易路面

28. 公园游步道宽度一般为(　　)。
　　A. 7~8 m　　　B. 5~6 m　　　C. 3~4 m　　　D. 1~2 m

29. 建筑墙内角用山石装饰,这一做法称为(　　)。
　　A. 抱脚　　　　　B. 做脚　　　　　C. 镶隅　　　　　D. 拉底

30. 园林施工单位按计划给施工班组下达的文件是(　　)。
　　A. 施工招标书　　　B. 施工投标书　　　C. 施工定额　　　D. 施工任务单

二、判断题（共 27 小题，每小题 3 分，共 81 分）

31. 中国被誉为"世界园林之母"。 （　）
32. 列植属于规则式配植形式。 （　）
33. 荷花属于浮水植物。 （　）
34. 植物自然分类系统中最基本的单位是"属"。 （　）
35. 银杏的叶形奇特似扇，且秋季叶色变黄。 （　）
36. 南天竹是赏叶观果俱佳的灌木。 （　）
37. 半枝莲可作为夏季花坛、花境材料。 （　）
38. 古典园林中，玉兰常与西府海棠、牡丹、桂花配植象征"玉堂富贵"。 （　）
39. 园林机具长期不用时，应存放在库棚。 （　）
40. 手推式草坪修剪机可以人为控制推进速度。 （　）
41. 园林植物起苗时，土球包扎可以起到根系保湿的作用。 （　）
42. 现代化温室可以对温度、光照、肥料、农药等多因子进行检测与调控。 （　）
43. 塑料盆不能用作园林植物栽培容器。 （　）
44. 蛭石保水、保肥性好，可用于配制栽培基质。 （　）
45. 无土栽培可以实现计算机智能化管理。 （　）
46. 花灌木修剪时应注意培养丛生而均衡的主枝。 （　）
47. 行道树枝下高应在 2.5m 以上。 （　）
48. 土壤深翻可以使"生土"变"熟土"，"熟土"变"肥土"。 （　）
49. 对偏酸的土壤可以施加石灰提高土壤的 pH 值。 （　）
50. 病虫害防治的原则是"预防为主，综合防治"。 （　）
51. 高大的古树应设置避雷针，以免雷击。 （　）
52. 地形是构成园林景观的基本骨架。 （　）
53. 环状管网主要用于园林用水点较分散的情况。 （　）
54. 驳岸造型要求和景观特点可以通过其墙身和压顶材料来表现。 （　）
55. 园路不仅可以组织交通，还可以参与造景。 （　）
56. 砖骨架只适用于大型塑山。 （　）
57. 园林绿化建设程序一般包括计划、设计、施工和验收四个阶段。 （　）

三、简答题（共 3 小题，58 和 59 题各 10 分，60 题 9 分，共 29 分）

58. 下列植物中，哪 5 种最适宜用作行道树？（如有多答，按前 5 个评分）

红花檵木、银杏、广玉兰、八角金盘、虞美人、黄葛树、杜鹃、小叶榕、十大功劳、香樟。

59. 无土栽培的优点有哪些?

60. 园林植物生长期整形修剪的方法有哪些?

2020年重庆市高等职业教育分类考试园林类专业综合理论测试题试卷

园林类专业综合理论测试题试卷共3页。总分200分。考试时间120分钟。

注意事项:

1. 作答前,考生务必将自己的姓名、考场号、座位号填写在试卷的规定位置上。

2. 作答时,务必将答案写在答题卡上。写在试卷及草稿纸上无效。

3. 考试结束后,将答题卡、试卷、草稿纸一并交回。

一、单项选择题(共30小题,每小题3分,共90分)

在每小题给出的四个选项中,只有一项是最符合题目要求的。

1. 下列属于挺水植物的是( )。
　　A. 凤眼莲　　　　B. 睡莲　　　　C. 浮萍　　　　D. 荷花

2. 下列适宜作棚架绿化的植物是( )。
　　A. 紫藤　　　　B. 广玉兰　　　　C. 桂花　　　　D. 海桐

3. 植物自然分类系统中,最基本的单位是( )。
　　A. 科　　　　B. 属　　　　C. 种　　　　D. 目

4. 下列属于多年生植物的是( )。
　　A. 虞美人　　　　B. 千日红　　　　C. 鸡冠花　　　　D. 菊花

5. 下列适宜作庭荫树的是( )。
　　A. 南天竹　　　　B. 月季　　　　C. 黄葛树　　　　D. 八角金盘

6. 下列植物中,有"行道树之王"美称的是( )。
　　A. 悬铃木　　　　B. 白玉兰　　　　C. 红叶李　　　　D. 木槿

7. 下列属于宿根花卉的是( )。
　　A. 玉簪　　　　B. 水仙　　　　C. 郁金香　　　　D. 百合

8. 下列属于多肉多浆植物的是( )。
　　A. 肾蕨　　　　B. 芦荟　　　　C. 文竹　　　　D. 雏菊

9. 下列植物中,秋季叶色变黄的是( )。
　　A. 香樟　　　　B. 天竺桂　　　　C. 银杏　　　　D. 棕榈

10. 播种机属于( )。
　　A. 整地机具　　　　B. 养护机具　　　　C. 建植机具　　　　D. 灌溉机具

11. 下列不能用于微灌的水源是( )。
　　A. 污水　　　　B. 河水　　　　C. 井水　　　　D. 湖水

12. 下列属于新植苗木保温措施的是(　　)。
　　A. 苗木喷雾　　　　B. 苗木固定　　　　　C. 苗木遮阴　　　　D. 苗木裹干

13. 温室最经济的降温系统是(　　)。
　　A. 微雾降温系统　　　　　　　　B. 自然通风系统
　　C. 空调降温系统　　　　　　　　D. 水帘降温系统

14. 下列不属于瓦盆特征的是(　　)。
　　A. 质地粗糙　　　　B. 透气性差　　　　C. 价格低廉　　　　D. 排水良好

15. 下列栽培基质中,有机质含量最高的是(　　)。
　　A. 堆肥土　　　　B. 河沙　　　　　C. 珍珠岩　　　　D. 陶粒

16. 下列不属于无土栽培特点的是(　　)。
　　A. 节水节肥　　　　B. 产量高　　　　C. 费工费力　　　　D. 品质好

17. 下列图片中,属于互生芽序的是(　　)。

　　A.　　　　　　　　B.　　　　　　　　C.　　　　　　　　D.

18. 多个枝条自同一节处,同时向四周放射状伸展,这种枝条称为(　　)。
　　A. 平行枝　　　　B. 交叉枝　　　　C. 轮生枝　　　　D. 重叠枝

19. 下列植物中,整形修剪时须保留中心干的是(　　)。
　　A. 火棘　　　　B. 小叶女贞　　　　C. 大叶黄杨　　　　D. 银杏

20. 松土不能达到的效果是(　　)。
　　A. 增加透气性　　　　　　　　B. 改良品种
　　C. 减少土壤深层水分蒸发　　　　D. 提高早春地温

21. 下列能使土壤碱化的物质是(　　)。
　　A. 硫磺　　　　B. 明矾　　　　C. 有机肥　　　　D. 草木灰

22. 下列不属于基肥施用方法的是(　　)。
　　A. 叶面喷施　　　　B. 放射状沟施　　　　C. 穴施　　　　D. 环状沟施

23. 城市行道树的灌溉方式最宜采用(　　)。
　　A. 漫灌　　　　B. 沟灌　　　　C. 单株灌溉　　　　D. 喷灌

24. 平整场地放线时所使用的木桩须标注(　　)。
　　A. 设计标高　　　　B. 原地形标高　　　　C. 施工标高　　　　D. 经纬度

25. 下列不属于管道排水优点的是(　　)。
　　A. 卫生　　　　B. 排水效率高　　　　C. 美观　　　　D. 造价低

26. 下列属于静态水景的是(　　)。
　　A. 瀑布　　　　B. 涌泉　　　　C. 湖　　　　D. 跌水

27. 园路的横坡坡度一般为(　　)。
　　A. 1%～4%　　　　B. 5%～8%　　　　C. 9%～12%　　　　D. 13%～16%

28. 广场砖铺地属于( )。
    A. 整体路面   B. 块料路面   C. 碎料路面   D. 简易路面

29. 苏州留园"冠云峰"所用山石是( )。
    A. 黄石   B. 太湖石   C. 青石   D. 钟乳石

30. 园林工程项目招标时,投标方不得少于( )。
    A. 1 个   B. 2 个   C. 3 个   D. 4 个

二、判断题(共 27 小题,每小题 3 分,共 81 分)

31. 园林植物不仅可以美化环境,而且可以改善环境。   ( )

32. 芦苇属于浮水植物。   ( )

33. 行道树的配植形式常采用列植。   ( )

34. 双命名法是用两个拉丁词作为植物的学名,其中第一个词是属名。   ( )

35. 水杉属于落叶阔叶树。   ( )

36. 羽衣甘蓝可用于布置冬季花坛。   ( )

37. 白玉兰是先开花后展叶的落叶乔木。   ( )

38. 黑麦草被称为"先锋草种",用于急需草坪。   ( )

39. 现代喷灌系统可以实现自动化作业。   ( )

40. 园林机具应定期更换润滑油。   ( )

41. 为防止苗木水分散失,运输一般选择傍晚或阴天进行。   ( )

42. 紫砂盆不能栽植树桩盆景。   ( )

43. 现代温室可通过调节光照来调控植物花期。   ( )

44. 煤渣透气性好,可以用作栽培基质。   ( )

45. 盆栽园林植物不需要追肥。   ( )

46. 一株生长正常的树木,主要由树根、枝干和树叶组成。   ( )

47. 芽序是指芽在枝上按一定顺序规律排列。   ( )

48. 松土一般在晴天进行,也可在雨后 1~2 天进行。   ( )

49. 为提高观赏性,园林植物栽植穴表面可使用陶粒进行覆盖。   ( )

50. 黏土可每 1~2 年深翻一次。   ( )

51. 花芽分化期,若施氮肥过多,不利于花芽分化。   ( )

52. 园林地形设计应充分利用原地形,宜山则山,宜水则水。   ( )

53. 给水管网布置的基本形式包括树状管网和环状管网。   ( )

54. 护坡和驳岸都是护岸设施,功能基本相同。   ( )

55. 园路路基对园路的稳定性影响不大。   ( )

56. 假山结构包括基础、拉底、中层、收顶和做脚五个部分。   ( )

57. 工程监理是保证园林工程质量的重要环节。   ( )

三、简答题(共 3 小题,58 和 60 题各 10 分,59 题 9 分,共 29 分)

58.园林植物自然式配植形式有哪些?

59.园林植物栽培容器的选择应重点考虑哪几个方面?

60.藤本类植物整形修剪的形式有哪些?

2021 年重庆市高等职业教育分类考试园林类专业综合理论测试题试卷

园林类专业综合理论测试题试卷共 3 页。总分 200 分。考试时间 120 分钟。

注意事项:

1. 作答前,考生务必将自己的姓名、考场号、座位号填写在试卷的规定位置上。

2. 作答时,务必将答案写在答题卡上。写在试卷及草稿纸上无效。

3. 考试结束后,将答题卡、试卷、草稿纸一并交回。

一、单项选择题(共 30 小题,每小题 3 分,共 90 分)

在每小题给出的四个选项中,只有一项是最符合题目要求的。

1. 睡莲属于( )。
   A. 挺水植物　　　　B. 浮水植物　　　　C. 漂浮植物　　　　D. 沉水植物

2. 下列适宜用作行道树的植物是( )。
   A. 香樟　　　　　　B. 月季　　　　　　C. 紫藤　　　　　　D. 叶子花

3. 双命名法规定用两个拉丁词作为植物的学名,其中第二个词是( )。
   A. 属名　　　　　　B. 种名　　　　　　C. 纲名　　　　　　D. 科名

4. 广玉兰属于( )。
   A. 木兰科　　　　　B. 百合科　　　　　C. 松科　　　　　　D. 柏科

5. 下列属于观花植物的是( )。
   A. 红枫　　　　　　B. 变叶木　　　　　C. 牡丹　　　　　　D. 彩叶草

6. 下列属于针叶树的是( )。
   A. 梧桐　　　　　　B. 广玉兰　　　　　C. 雪松　　　　　　D. 黄葛树

7. 下列植物秋冬叶色会发生变化的是( )。
   A. 棕榈　　　　　　B. 水杉　　　　　　C. 桂花　　　　　　D. 苏铁

8. 下列属于常绿灌木的是( )。
   A. 海桐　　　　　　B. 紫荆　　　　　　C. 木槿　　　　　　D. 葡萄

9. 小叶榕属于( )。
   A. 常绿阔叶树　　　B. 落叶针叶树　　　C. 常绿针叶树　　　D. 落叶阔叶树

10. 下列属于整地机具的是( )。
    A. 起苗机　　　　　B. 喷雾机　　　　　C. 旋耕机　　　　　D. 打孔机

11. 下列不属于喷灌系统的是( )。
    A. 水泵　　　　　　B. 风扇　　　　　　C. 喷头　　　　　　D. 水源

12. 下列属于苗木固定措施的是(　　　)。

    A. 搭遮阳网　　　　B. 苗木裹干　　　　C. 树冠喷雾　　　　D. 三角支撑

13. 下列关于土壤通气的叙述,错误的是(　　　)。

    A. 有利于保持土壤良好的透气性　　　　B. 可增强植物光照强度

    C. 可防止土壤板结　　　　D. 有利于苗木根系的萌发

14. 将植株从较小容器转入较大容器的栽培方法是(　　　)。

    A. 换盆　　　　B. 松盆　　　　C. 上盆　　　　D. 排盘

15. 下列栽培基质中有机质含量最低的是(　　　)。

    A. 堆肥土　　　　B. 泥炭　　　　C. 腐叶土　　　　D. 陶粒

16. 下列关于无土栽培的叙述,错误的是(　　　)。

    A. 可实现节水节肥　　　　B. 可降低劳动强度,省工省力

    C. 产量低、品质差　　　　D. 对操作人员技术水平要求高

17. 只长叶不开花的一年生枝称为(　　　)。

    A. 生长枝　　　　B. 多年枝　　　　C. 开花枝　　　　D. 结果枝

18. 整形修剪时从枝条的基部将枝条剪掉,这种修剪方式称为(　　　)。

    A. 缓放　　　　B. 疏剪　　　　C. 短截　　　　D. 截干

19. 在休眠期对石榴进行修剪应注意保留的是(　　　)。

    A. 病枝　　　　B. 徒长枝　　　　C. 短枝　　　　D. 萌蘖枝

20. 下列不属于土壤疏松剂的是(　　　)。

    A. 泥炭　　　　B. 谷糠　　　　C. 化肥　　　　D. 厩肥

21. 环状沟施肥沟深一般为(　　　)。

    A. 20 ~ 50 cm　　　　B. 60 ~ 90 cm　　　　C. 100 ~ 130 cm　　　　D. 140 ~ 170 cm

22. 下列不属于咀嚼式口器的害虫是(　　　)。

    A. 蚜虫　　　　B. 天牛　　　　C. 蝗虫　　　　D. 金龟子成虫

23. 下列最节水的灌溉方式是(　　　)。

    A. 滴灌　　　　B. 漫灌　　　　C. 沟灌　　　　D. 喷灌

24. 人工开挖土方,两人同时作业的间距应不小于(　　　)。

    A. 1.0 m　　　　B. 1.5 m　　　　C. 2.0 m　　　　D. 2.5 m

25. 可以直接往园林水体中排放的是(　　　)。

    A. 工业废水　　　　B. 农药废水　　　　C. 天然降水　　　　D. 生活污水

26. 下图水池池壁采用单坡压顶的是(　　　)。

A.　　　　　　　　　　　　　　　　　　B.

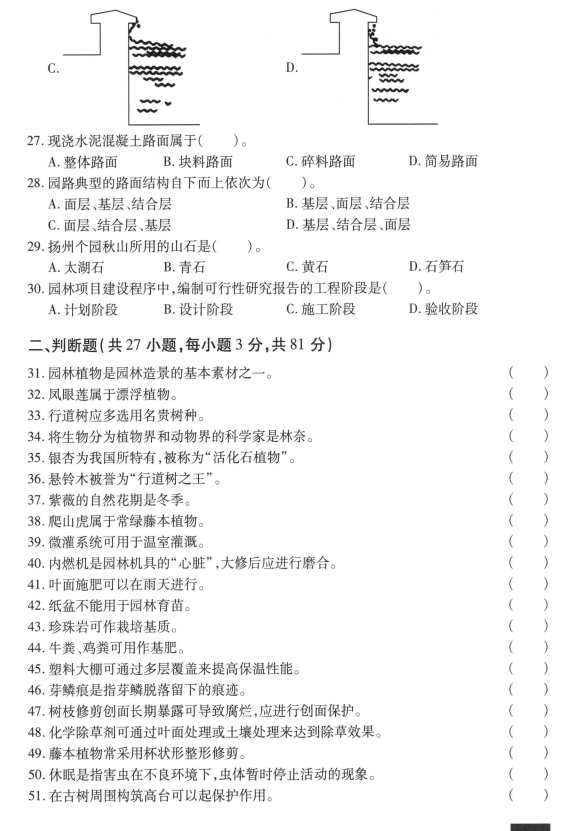

27. 现浇水泥混凝土路面属于( )。

    A. 整体路面   B. 块料路面   C. 碎料路面   D. 简易路面

28. 园路典型的路面结构自下而上依次为( )。

    A. 面层、基层、结合层   B. 基层、面层、结合层

    C. 面层、结合层、基层   D. 基层、结合层、面层

29. 扬州个园秋山所用的山石是( )。

    A. 太湖石   B. 青石   C. 黄石   D. 石笋石

30. 园林项目建设程序中,编制可行性研究报告的工程阶段是( )。

    A. 计划阶段   B. 设计阶段   C. 施工阶段   D. 验收阶段

二、判断题(共 27 小题,每小题 3 分,共 81 分)

31. 园林植物是园林造景的基本素材之一。   ( )

32. 凤眼莲属于漂浮植物。   ( )

33. 行道树应多选用名贵树种。   ( )

34. 将生物分为植物界和动物界的科学家是林奈。   ( )

35. 银杏为我国所特有,被称为"活化石植物"。   ( )

36. 悬铃木被誉为"行道树之王"。   ( )

37. 紫薇的自然花期是冬季。   ( )

38. 爬山虎属于常绿藤本植物。   ( )

39. 微灌系统可用于温室灌溉。   ( )

40. 内燃机是园林机具的"心脏",大修后应进行磨合。   ( )

41. 叶面施肥可以在雨天进行。   ( )

42. 纸盆不能用于园林育苗。   ( )

43. 珍珠岩可作栽培基质。   ( )

44. 牛粪、鸡粪可用作基肥。   ( )

45. 塑料大棚可通过多层覆盖来提高保温性能。   ( )

46. 芽鳞痕是指芽鳞脱落留下的痕迹。   ( )

47. 树枝修剪创面长期暴露可导致腐烂,应进行创面保护。   ( )

48. 化学除草剂可通过叶面处理或土壤处理来达到除草效果。   ( )

49. 藤本植物常采用杯状形整形修剪。   ( )

50. 休眠是指害虫在不良环境下,虫体暂时停止活动的现象。   ( )

51. 在古树周围构筑高台可以起保护作用。   ( )

52. 地形设计的方法主要有等高线法、断面法、模型法等。 （　　）

53. 给水工程通常由取水工程、净水工程和输配水工程三个部分组成。 （　　）

54. 喷泉是利用压力水喷出后形成各种造型的动态水景。 （　　）

55. 园主干道的宽度一般为 0.6 ~ lm。 （　　）

56. 假山在我国山水园林中的布局多种多样,形状千姿百态。 （　　）

57. 园林施工单位必须把安全工作落实到工程各个环节中。 （　　）

三、简答题（共 3 小题,58 和 60 题各 10 分,59 题 9 分,共 29 分）

58. 园林植物规则式配植形式有哪些?

59. 简述常绿树带土起苗的操作流程。

60. 植物生长期整形修剪的方法有哪些?

重庆市高等职业教育分类考试园林类专业综合理论测试模拟题试卷（一）

园林类专业综合理论测试题试卷共3页。总分200分。考试时间120分钟。

注意事项：

1. 作答前，考生务必将自己的姓名、考场号、座位号填写在试卷的规定位置上。
2. 作答时，务必将答案写在答题卡上。写在试卷及草稿纸上无效。
3. 考试结束后，将答题卡、试卷、草稿纸一并交回。

一、单项选择题（共30小题，每小题3分，共90分）

在每小题给出的四个选项中，只有一项是最符合题目要求的。

1. 下列植物属于浮水植物的是（　　）。
   A. 荷花　　　　　　B. 睡莲　　　　　　C. 凤眼莲　　　　　　D. 芦苇

2. 将较多数量（20~30株）的乔、灌木按一定的构图栽植在一起称为（　　）。
   A. 列植　　　　　　B. 丛植　　　　　　C. 群植　　　　　　D. 林植

3. 下列不属于单子叶植物特征的是（　　）。
   A. 仅1片子叶　　　B. 多为须根系　　　C. 网状叶脉　　　　D. 维管束散生

4. 双名法规定用两个拉丁词作为植物的学名，其中第二个词是（　　）。
   A. 种名　　　　　　B. 属名　　　　　　C. 科名　　　　　　D. 定名人

5. 下列主要观花的植物是（　　）。
   A. 乌桕　　　　　　B. 海桐　　　　　　C. 玉兰　　　　　　D. 雪松

6. 下列适宜做地被植物的是（　　）。
   A. 鹅掌柴　　　　　B. 麦冬　　　　　　C. 旱伞草　　　　　D. 天竺桂

7. 下列属于一、二年生花卉的是（　　）。
   A. 非洲菊　　　　　B. 马蹄莲　　　　　C. 水仙　　　　　　D. 虞美人

8. 悬铃木属于（　　）。
   A. 落叶乔木　　　　B. 常绿乔木　　　　C. 落叶灌木　　　　D. 常绿灌木

9. 下列植物中，被称为"花中皇后"的是（　　）。
   A. 玫瑰　　　　　　B. 牡丹　　　　　　C. 月季　　　　　　D. 山茶

10. 下列植物中，花如"卐"字，秋叶变红的是（　　）。
    A. 银杏　　　　　　B. 络石　　　　　　C. 水杉　　　　　　D. 乌桕

11. 下列属于园林整地机具的是（　　）。
    A. 起苗机　　　　　B. 修剪机　　　　　C. 喷雾机　　　　　D. 旋耕机

12.喷灌系统的核心部件是(　　)。

　　A.喷头　　　　　　B.水源　　　　　　C.水泵及动力　　　D.管路系统

13.带土球起苗时,土球高度通常为土球直径的(　　)。

　　A.1/3　　　　　　B.1/2　　　　　　C.2/3　　　　　　D.3/4

14.下列温室中多为东西向延长的是(　　)。

　　A.单屋面温室　　　　　　　　　　B.双屋面温室

　　C.圆拱形屋面温室　　　　　　　　D.连栋温室

15.下列一般只用于幼苗的容器是(　　)。

　　A.瓦盆　　　　　　B.塑料盆　　　　　C.木盆　　　　　　D.纸盆

16.下列基质中属于有机基质的是(　　)。

　　A.蛭石　　　　　　B.陶粒　　　　　　C.稻壳　　　　　　D.煤渣

17.只长叶不开花的一年生枝称为(　　)。

　　A.生长枝　　　　　B.结果枝　　　　　C.徒长枝　　　　　D.骨干枝

18.萌发后先抽新梢,在新梢上生芽开花的芽称为(　　)。

　　A.叶芽　　　　　　B.花芽　　　　　　C.混合芽　　　　　D.隐芽

19.杯状形整形修剪,三大主枝间的角度约为(　　)。

　　A.90°　　　　　　B.120°　　　　　　C.150°　　　　　　D.180°

20.施肥不能达到的效果是(　　)。

　　A.供给植物所需养分　　　　　　　B.改良土壤性质

　　C.为微生物活动创造条件　　　　　D.改良植物品种

21.下列不能达到改良土壤的措施是(　　)。

　　A.深翻熟化　　　　B.施有机肥　　　　C.施无机肥　　　　D.施疏松剂

22.下列灌溉方法中,耗水较多的是(　　)。

　　A.单株灌溉　　　　B.漫灌　　　　　　C.沟灌　　　　　　D.喷灌

23.采用轮作防治病虫害的方法属于(　　)。

　　A.栽培防治法　　　B.生物防治法　　　C.化学防治法　　　D.植物检疫

24.可用于带状山体和平整场地的土方工程量计算的方法是(　　)。

　　A.估算法　　　　　B.垂直断面法　　　C.水平断面法　　　D.方格网法

25.果园或大田常用的排水方式是(　　)。

　　A.管道排水　　　　B.盲沟排水　　　　C.明沟排水　　　　D.地面排水

26.下列属于静态水景的是(　　)。

　　A.瀑布　　　　　　B.池塘　　　　　　C.涌泉　　　　　　D.喷泉

27.利用各色卵石铺地属于(　　)。

　　A.整体路面　　　　B.块料路面　　　　C.碎料路面　　　　D.简易路面

28.利用道路排水的园路类型是(　　)。

　　A.路堑型　　　　　B.路堤型　　　　　C.汀步　　　　　　D.步石

29.在假山起脚外源用山石砌筑山脚的做法称为(　　)。

　　A.抱脚　　　　　　B.做脚　　　　　　C.镶隅　　　　　　D.拉底

30. 下列园林工程施工招标方式中最为常用的是( )。

A. 公开招标　　　　　B. 邀请招标　　　　　C. 议标招标　　　　　D. 比选

二、判断题（共 27 小题,每小题 3 分,共 81 分）

31. 植物的绿色可以消除人眼的疲劳。　　　　　　　　　　　　　　　　( )

32. 为提高园林树木观赏价值,园林树木选择时应多选用名贵树种。　　( )

33. 模纹花坛以观赏图案为主。　　　　　　　　　　　　　　　　　　( )

34. 人为分类法通俗易懂、实用方便。　　　　　　　　　　　　　　　( )

35. 蕨类植物具有根、茎、叶的分化,根为须根状,茎为根状茎。　　　( )

36. 中国四大长寿观赏树种为松、柏、槐和银杏。　　　　　　　　　　( )

37. 八仙花的花色与土壤酸碱度有关。　　　　　　　　　　　　　　　( )

38. 睡莲白天开花,夜间闭合。　　　　　　　　　　　　　　　　　　( )

39. 紫荆是先长叶、后开花的植物。　　　　　　　　　　　　　　　　( )

40. 蟹爪兰适于室内盆栽观赏或悬吊装饰。　　　　　　　　　　　　　( )

41. 对以二冲程汽油机为动力机的机具,应将燃油燃尽后再长期保存。　( )

42. 水质符合要求的河流、湖泊、塘堰、沟渠、井泉等均可作为微灌的水源。　( )

43. 土球苗木在能够满足成活条件的前提下,最好是全冠移植。　　　　( )

44. 单屋面温室内栽培的植物需要经常转盆,以调整株型。　　　　　　( )

45. 陶盆外形美观,适宜做套盆装饰用。　　　　　　　　　　　　　　( )

46. 营养液膜法(NFT)不怕中途停水停电。　　　　　　　　　　　　　( )

47. 疏剪的对象可以是一年生枝条,也可是多年生枝条。　　　　　　　( )

48. 对非自然形成伞形树冠的树种可采用截干来培养伞形树冠。　　　　( )

49. 砂壤土可每 3~4 年深翻一次。　　　　　　　　　　　　　　　　　( )

50. 土壤水分亏缺时施肥反而会对园林植物造成伤害。　　　　　　　　( )

51. 对古树的复壮首先是对其根系的复壮。　　　　　　　　　　　　　( )

52. 一条等高线的两侧必然同高同低。　　　　　　　　　　　　　　　( )

53. 树状管网供水可靠性差。　　　　　　　　　　　　　　　　　　　( )

54. 驳岸是一面临水的挡土墙,有明显的墙身。　　　　　　　　　　　( )

55. 当坡度超过 17% 时,通车的斜面做成礓磋,不通车的斜面做成台阶。　( )

56. 假山结构的五个部分中,基础是首位工程。　　　　　　　　　　　( )

57. 施工组织是建设单位进行企业管理的重要内容。　　　　　　　　　( )

三、简答题（共 3 小题,58 和 60 题各 10 分,59 题 9 分,共 29 分）

58. 规则式配植的形式有哪些?

59. 土球苗运输中防止水分散失的措施有哪些？

60. 花灌木整形修剪的要求有哪些？

2023 年重庆市高等职业教育分类考试园林类专业综合理论测试模拟题试卷(二)

园林类专业综合理论测试题试卷共 3 页。总分 200 分。考试时间 120 分钟。

注意事项:

1. 作答前,考生务必将自己的姓名、考场号、座位号填写在试卷的规定位置上。

2. 作答时,务必将答案写在答题卡上。写在试卷及草稿纸上无效。

3. 考试结束后,将答题卡、试卷、草稿纸一并交回。

一、单项选择题(共 30 小题,每小题 3 分,共 90 分)

在每小题给出的四个选项中,只有一项是最符合题目要求的。

1. 混交树群树种不宜太多,一般不超过(　　　)。
   A. 3 种　　　　　B. 5 种　　　　　C. 7 种　　　　　D. 9 种

2. 花纹高低不平的花坛称为(　　　)。
   A. 盛花花坛　　　B. 毛毡花坛　　　C. 浮雕花坛　　　D. 混合花坛

3. 下列适宜做行道树的是(　　　)。
   A. 麦冬　　　　　B. 广玉兰　　　　C. 海枣　　　　　D. 龙爪槐

4. 在自然分类的 7 个层次中,最高层次为(　　　)。
   A. 界　　　　　　B. 纲　　　　　　C. 科　　　　　　D. 种

5. 下列属于木质藤本的是(　　　)。
   A. 银杏　　　　　B. 月季　　　　　C. 凌霄　　　　　D. 菖蒲

6. 重庆市的市树是(　　　)。
   A. 悬铃木　　　　B. 银杏　　　　　C. 山茶花　　　　D. 黄葛树

7. 下列植物中,有"凌波仙子"美誉的是(　　　)。
   A. 水仙　　　　　B. 荷花　　　　　C. 睡莲　　　　　D. 虞美人

8. 下列属于宿根花卉的是(　　　)。
   A. 天竺葵　　　　B. 仙客来　　　　C. 朱顶红　　　　D. 大丽花

9. 下列适宜用于足球场草坪草的是(　　　)。
   A. 肾蕨　　　　　B. 红花酢浆草　　C. 白车轴草　　　D. 结缕草

10. 下列植物中,秋季叶片变色的是(　　　)。
    A. 榕树　　　　　B. 蒲桃　　　　　C. 乌桕　　　　　D. 大叶黄杨

11. 下列属于园林建植机具的是(　　　)。
    A. 开沟机　　　　B. 播种机　　　　C. 割灌机　　　　D. 喷雾机

12. 选择喷头时,蔬菜和幼嫩作物选用( )。
    A. 低压喷头　　　　B. 中压喷头　　　　C. 高压喷头　　　　D. 超高压喷头

13. 下列不是现场验苗主要检验项目的是( )。
    A. 品种　　　　　　B. 规格　　　　　　C. 质量　　　　　　D. 发货人

14. 下列温室加温方法中,湿度较大的是( )。
    A. 蒸汽　　　　　　B. 热水　　　　　　C. 热风　　　　　　D. 烟道

15. 将肥料溶于水,用喷壶将肥液直接浇入盆土的追肥方法是( )。
    A. 滴灌　　　　　　B. 穴施　　　　　　C. 浇灌　　　　　　D. 叶面追肥

16. 用基质代替天然土壤,用固态有机肥和直接清水灌溉的无土栽培技术是( )。
    A. 槽培　　　　　　B. 袋培　　　　　　C. 岩棉栽培　　　　D. 有机生态型无土栽培

17. 在有双层公共汽车的道路,行道树的枝下高不宜低于( )。
    A. 2.5 m　　　　　B. 3.0 m　　　　　C. 3.5 m　　　　　D. 4 m

18. 高度在 120～160 cm 的绿篱为( )。
    A. 矮篱　　　　　　B. 中篱　　　　　　C. 高篱　　　　　　D. 绿墙

19. 剪去多年生枝条的一部分称为( )。
    A. 短截　　　　　　B. 疏剪　　　　　　C. 回缩　　　　　　D. 缓放

20. 在树木树冠投影边缘附近挖掘环状沟的深翻方式称为( )。
    A. 树盘深翻　　　　B. 行间深翻　　　　C. 全面深翻　　　　D. 种植穴深翻

21. 下列不属于环状沟施肥缺点的是( )。
    A. 受肥面积小　　　B. 会损伤根系　　　C. 肥效见效慢　　　D. 易被根系吸收

22. 下列灌溉方式对水质要求最高的是( )。
    A. 漫灌　　　　　　B. 沟灌　　　　　　C. 喷灌　　　　　　D. 滴灌

23. 利用灯光诱杀害虫是利用害虫的( )。
    A. 食性　　　　　　B. 趋性　　　　　　C. 群集性　　　　　D. 假死性

24. 适宜自然山水地形设计的方法是( )。
    A. 等高线法　　　　B. 断面法　　　　　C. 模型法　　　　　D. 方格网法

25. 适用于供水连续性较高区域的给水管网是( )。
    A. 喷灌管网　　　　B. 树状管网　　　　C. 环状管网　　　　D. 混合管网

26. 下列各类泉中,水从上到下流动的是( )。
    A. 壁泉　　　　　　B. 涌泉　　　　　　C. 喷泉　　　　　　D. 间歇泉

27. 适用于通行车辆和人流集中地公园主路和出入口的路面是( )。
    A. 整体路面　　　　B. 块料路面　　　　C. 碎料路面　　　　D. 简易路面

28. 利用明沟排水的园路类型是( )。
    A. 路堑型　　　　　B. 路堤型　　　　　C. 汀步　　　　　　D. 步石

29. 用少数几块大小不等的山石按照艺术审美规律和自然法则搭配组合的手法为( )。
    A. 散置　　　　　　B. 对置　　　　　　C. 特置　　　　　　D. 群置

30. 完成项目计划书的单位是( )。
    A. 建设单位/设计单位　　　　　　　　　B. 建设单位/施工单位

C. 主管部门/监理单位　　　　　　　　　　D. 规划单位/监理单位

二、判断题(共 27 小题,每小题 3 分,共 81 分)

31. 园林植物的垂直分布主要受纬度、经度的影响。　　　　　　　　　　(　　)
32. 篱垣及棚架可丰富园林构图立面景观,增加土地和空间利用效率。　　(　　)
33. 水生植物应根据水面大小、深浅和植物特点选择。　　　　　　　　　(　　)
34. 地被植物具有防尘降温和美化环境的作用。　　　　　　　　　　　　(　　)
35. 蕨类植物中只有桫椤科为木本,其他均为草本。　　　　　　　　　　(　　)
36. 梅与兰、竹、菊并称为"四君子"。　　　　　　　　　　　　　　　　(　　)
37. 玉兰早春先叶后花,花大而洁白。　　　　　　　　　　　　　　　　(　　)
38. 天竺葵可观花观叶,在炎热的夏天处于休眠或半休眠状态。　　　　　(　　)
39. 芦荟具有食用、药用和美容作用。　　　　　　　　　　　　　　　　(　　)
40. 旱伞草怕水湿,不宜种植在水边。　　　　　　　　　　　　　　　　(　　)
41. 微灌只向植物根部土壤供水,也称为局部灌溉。　　　　　　　　　　(　　)
42. 园林机具每班作业后要检查各部件紧固情况,防止事故发生。　　　　(　　)
43. 规格小的裸根苗远途运输时可采用卷包处理,枝梢向内,根部向外。　(　　)
44. 微雾系统降温快,均衡性好,可长时间运行。　　　　　　　　　　　(　　)
45. 针叶土呈强酸性,适宜栽培酸性植物。　　　　　　　　　　　　　　(　　)
46. 配制营养液可以使用自来水、井水、河水和雨水。　　　　　　　　　(　　)
47. 在修剪中合理利用芽的异质性,才能提高修剪质量。　　　　　　　　(　　)
48. 刻芽是在芽的上方 1～3 cm 处纵向刻伤,割破韧皮部。　　　　　　　(　　)
49. 地下水位较低的土壤深翻深度可达 50～70 cm。　　　　　　　　　　(　　)
50. 园林植物由营养生长转入生殖生长阶段应多施磷钾肥。　　　　　　　(　　)
51. 古树是指树龄在 500 年以上的树木。　　　　　　　　　　　　　　　(　　)
52. 地形设计主要是指地貌及地物景观的高程设计。　　　　　　　　　　(　　)
53. 管道排水造价高,检修困难。　　　　　　　　　　　　　　　　　　(　　)
54. 护坡与驳岸功能相同,形状相似,都只有一面挡土墙。　　　　　　　(　　)
55. 沿道路中线布置照明装置可解决行道树对照明的干扰。　　　　　　　(　　)
56. 假山的中层是主要观赏部位。　　　　　　　　　　　　　　　　　　(　　)
57. 施工过程的检查与监督贯穿于整个施工过程。　　　　　　　　　　　(　　)

三、简答题(共 3 小题,58 和 60 题各 10 分,59 题 9 分,共 29 分)

58. 请列举出 5 种水生园林植物。

59. 园林植物容器栽培时如何上盆?

60. 地被植物在园林绿地中的配置方式有哪些?

重庆市高等职业教育分类考试园林类专业综合理论测试模拟题试卷(三)

园林类专业综合理论测试题试卷共3页。总分200分。考试时间120分钟。

注意事项:

1.作答前,考生务必将自己的姓名、考场号、座位号填写在试卷的规定位置上。

2.作答时,务必将答案写在答题卡上。写在试卷及草稿纸上无效。

3.考试结束后,将答题卡、试卷、草稿纸一并交回。

一、单项选择题(共30小题,每小题3分,共90分)

在每小题给出的四个选项中,只有一项是最符合题目要求的。

1. 下列不适宜作棚架绿化的植物是(   )。
   A. 紫藤   B. 爬山虎   C. 白玉兰   D. 络石
2. 下列适宜做孤植树的是(   )。
   A. 海桐   B. 红花檵木   C. 木槿   D. 合欢
3. 下列属于观叶植物的是(   )。
   A. 杜鹃   B. 火棘   C. 旱伞草   D. 八仙花
4. 银杏的学名书写正确的是(   )。
   A. Gingkgo biloba L.   B. Gingkgo biloba L.
   C. Gingkgo biloba L.   D. gingkgo biloba L.
5. 下列属于单子叶植物的是(   )。
   A. 广玉兰   B. 香樟   C. 蒲葵   D. 蜡梅
6. 重庆市的市花是(   )。
   A. 牡丹   B. 杜鹃   C. 山茶   D. 桂花
7. 下列植物中,秋季叶片变黄的是(   )。
   A. 罗汉松   B. 鹅掌柴   C. 红叶石楠   D. 栾树
8. 下列富有热带风情的植物是(   )。
   A. 加拿利海枣   B. 日本五针松   C. 乐昌含笑   D. 南方红豆杉
9. 杜英属于(   )。
   A. 落叶乔木   B. 常绿乔木   C. 落叶灌木   D. 常绿灌木
10. 下列属于球根花卉的是(   )。
    A. 向日葵   B. 波斯菊   C. 四季秋海棠   D. 水仙
11. 移栽机属于(   )。

A. 整地机具　　　　　B. 建植机具　　　　　C. 养护机具　　　　　D. 植保机具

12. 下列微灌类型中,目前较为理想的一种是(　　　)。

A. 滴灌　　　　　B. 微喷灌　　　　　C. 涌泉灌　　　　　D. 渗灌

13. 筑围堰时,围堰的内径应该比树穴的直径(　　　)。

A. 大　　　　　B. 小　　　　　C. 相等　　　　　D. 都可以

14. 在设施地面上不做垄沟,直接在畦面上栽植的方式称为(　　　)。

A. 垄沟栽植　　　　　B. 平畦栽植　　　　　C. 栽培槽栽植　　　　　D. 栽培床栽植

15. 下列容器中,盆底不设排水孔的是(　　　)。

A. 兰花盆　　　　　B. 树桩盆景用盆　　　　　C. 水养盆　　　　　D. 塑料盆

16. 下列基质属于无机基质的是(　　　)。

A. 蛭石　　　　　B. 泥炭　　　　　C. 稻壳　　　　　D. 锯末

17. 将新梢的生长点除去的方法称为(　　　)。

A. 抹芽　　　　　B. 摘心　　　　　C. 剪梢　　　　　D. 刻芽

18. 在叶片上着生的芽称为(　　　)。

A. 叶芽　　　　　B. 花芽　　　　　C. 定芽　　　　　D. 不定芽

19. 着生在主干或中心干的永久性大枝称为(　　　)。

A. 骨干枝　　　　　B. 延长枝　　　　　C. 主枝　　　　　D. 侧枝

20. 下列不能用于改良土壤的肥料是(　　　)。

A. 堆肥　　　　　B. 厩肥　　　　　C. 化肥　　　　　D. 菌肥

21. 下列肥料中,根外追肥一般选用(　　　)。

A. 化肥　　　　　B. 厩肥　　　　　C. 人畜尿　　　　　D. 饼肥

22. 下列不能用于园林植物灌溉的是(　　　)。

A. 井水　　　　　B. 河水　　　　　C. 雨水　　　　　D. 污水

23. 采用人工摘除病叶的措施属于(　　　)。

A. 栽培防治法　　　　　B. 生物防治法　　　　　C. 化学防治法　　　　　D. 物理机械防治法

24. 可直观地表达地形地貌形象的设计方法是(　　　)。

A. 等高线法　　　　　B. 垂直断面法　　　　　C. 水平断面法　　　　　D. 模型法

25. 下列不属于管道排水优点的是(　　　)。

A. 不妨碍地面活动　　B. 卫生和美观　　　　　C. 排水效率高　　　　　D. 造价低廉

26. 水池的池壁与地面的高差应控制在(　　　)。

A. 小于 0.25 m　　　B. 小于 0.45 m　　　C. 小于 0.65 m　　　D. 小于 0.85 m

27. 主要用于各种游步小路的路面是(　　　)。

A. 整体路面　　　　　B. 块料路面　　　　　C. 碎料路面　　　　　D. 简易路面

28. 园路次干道的宽度一般为(　　　)。

A. 0.6 ~ 1.0 m　　　B. 1.0 ~ 2.0 m　　　C. 2.0 ~ 3.5 m　　　D. 3.5 ~ 6.0 m

29. 在江南园林中运用最为普遍的石品是(　　　)。

A. 湖石　　　　　B. 黄石　　　　　C. 青石　　　　　D. 石笋

30. 撰写工程验收总结的是(　　　)。

A. 建设单位　　　　B. 施工单位　　　　C. 监理单位　　　　D. 设计单位

二、判断题(共 27 小题,每小题 3 分,共 81 分)

31. 园林植物的垂直分布是由于地形、地势和海拔高度的变化而形成的。　　　　(　　)

32. 篱垣及棚架可丰富园林构图立面景观,增加土地和空间利用效率。　　　　(　　)

33. 水生植物应根据水面大小、深浅和植物特点选择。　　　　(　　)

34. 品种是人为选育的,来自于自然分类系统中的种。　　　　(　　)

35. 裸子植物根据子叶的数量分为单子叶植物和双子叶植物。　　　　(　　)

36. 松、竹、梅并称为"岁寒三友"。　　　　(　　)

37. 红千层穗状花序生于枝条末端,开花后再长出枝叶。　　　　(　　)

38. 花叶良姜可用于布置花镜或丛植。　　　　(　　)

39. 孝顺竹是丛生竹类中分布最广、适应性最强的竹种之一。　　　　(　　)

40. 蟹爪兰适于盆栽观赏或悬吊装饰。　　　　(　　)

41. 草坪修剪要按照草坪养护的三分之二原则,调节剪草高度。　　　　(　　)

42. 喷头配置的原则是喷洒均匀、不留空白。　　　　(　　)

43. 叶面喷肥时,一般只喷树叶正面即可。　　　　(　　)

44. 双屋面南北走向的温室或大棚,一般不用转盆。　　　　(　　)

45. 选择栽培容器时,为了能够装入更多的基质,容器越大越好。　　　　(　　)

46. 雾培采用自动定时喷雾,不需要持续供电。　　　　(　　)

47. 剪口的斜切面应与芽的方向相同,其上端高于芽端 0.5 cm。　　　　(　　)

48. 对于伤流较重的树种,应在冬前进行整形修剪。　　　　(　　)

49. 园林植物栽植穴表面覆盖可以控制杂草生长。　　　　(　　)

50. 向土壤施加石灰、草木灰可以使土壤碱化。　　　　(　　)

51. 古树多属于乡土树种。　　　　(　　)

52. 每条等高线都是闭合曲线。　　　　(　　)

53. 地下水的水质低于地表水。　　　　(　　)

54. 为了保护岸坡稳定,驳岸和护坡都不能使用植被。　　　　(　　)

55. 园路可以组织排水。　　　　(　　)

56. 假山的收顶有峰、峦、平顶三种类型。　　　　(　　)

57. 植物设计图判读中要特别注意苗木价格。　　　　(　　)

三、简答题(共 3 小题,58 和 60 题各 10 分,59 题 9 分,共 29 分)

58. 水生植物的设计要求有哪些。

59. 有机生态型无土栽培有什么特点？

60. 行道树常见的树形有哪些？

重庆市高等职业教育分类考试园林类专业综合理论测试模拟题试卷(四)

园林类专业综合理论测试题试卷共3页。总分200分。考试时间120分钟。

注意事项:

1. 作答前,考生务必将自己的姓名、考场号、座位号填写在试卷的规定位置上。
2. 作答时,务必将答案写在答题卡上。写在试卷及草稿纸上无效。
3. 考试结束后,将答题卡、试卷、草稿纸一并交回。

一、单项选择题(共30小题,每小题3分,共90分)

在每小题给出的四个选项中,只有一项是最符合题目要求的。

1. 下列属于浮水植物的是(　　)。
   A. 荷花　　　　　　B. 凤眼莲　　　　　　C. 菖蒲　　　　　　D. 睡莲
2. 下列属于规则式配植的是(　　)。
   A. 孤植　　　　　　B. 丛植　　　　　　C. 中心植　　　　　　D. 群植
3. 下列属于双子叶植物的是(　　)。
   A. 水仙　　　　　　B. 百合　　　　　　C. 菊花　　　　　　D. 蝴蝶兰
4. 下列不属于观花类植物的是(　　)。
   A. 樱花　　　　　　B. 菊花　　　　　　C. 玉兰　　　　　　D. 冷水花
5. 香樟在分类上属于(　　)。
   A. 落叶灌木　　　　B. 常绿灌木　　　　C. 落叶乔木　　　　D. 常绿乔木
6. 下列适宜作孤植树的植物是(　　)。
   A. 黄葛树　　　　　B. 天门冬　　　　　C. 菊花　　　　　　D. 肾蕨
7. 下列不属于多肉多浆植物的是(　　)。
   A. 虎尾兰　　　　　B. 仙人掌　　　　　C. 芦荟　　　　　　D. 花叶芦竹
8. 园林植物水仙属于(　　)。
   A. 石竹科　　　　　B. 百合科　　　　　C. 石蒜科　　　　　D. 兰科
9. 下列分布最广、适应性最强的丛生竹种是(　　)。
   A. 慈竹　　　　　　B. 孝顺竹　　　　　C. 毛竹　　　　　　D. 棕竹
10. 以小股水流的形式灌溉土壤的灌水方法,称为(　　)。
    A. 滴灌　　　　　　B. 涌泉灌　　　　　C. 微喷灌　　　　　D. 渗灌
11. 下列属于园林建植机具的是(　　)。
    A. 旋耕机　　　　　B. 起苗机　　　　　C. 修剪机　　　　　D. 喷雾机

12. 带土球起苗时,土球高度通常为土球直径的( )。
    A. 2/3　　　　　　　B. 1/3　　　　　　　C. 3/4　　　　　　　D. 1/2

13. 温室加温方法中,升温较缓慢,温度均匀,湿度较大的是( )。
    A. 热水　　　　　　B. 蒸汽　　　　　　C. 热风　　　　　　D. 烟道

14. 质地粗糙,通气、排水性能良好,适合植物生长的花盆是( )。
    A. 瓦盆　　　　　　B. 釉盆　　　　　　C. 塑料盆　　　　　D. 木桶

15. 下列基质中,不属于无机材料的是( )。
    A. 蛭石　　　　　　B. 陶粒　　　　　　C. 煤渣　　　　　　D. 泥炭

16. 无土栽培可比传统土壤栽培节水( )。
    A. 10%~30%　　　B. 30%~50%　　　C. 50%~70%　　　D. 70%~90%

17. 短截修剪有轻、中、重之分,一般轻剪是剪去枝条的( )。
    A. 顶芽　　　　　　B. 1/3 以内　　　　C. 1/2 左右　　　　D. 2/3 左右

18. 为减少落花落果,提高坐果率,适宜进行环状剥皮的时期是( )。
    A. 花芽分化期　　　B. 开花前　　　　　C. 盛花期　　　　　D. 落花后

19. 树木落叶后及时修剪对树木能( )。
    A. 增强长势、减少分枝　　　　　　B. 增强长势、增加分枝
    C. 减弱长势、增加分枝　　　　　　D. 减弱长势、减少分枝

20. 在树冠投影边缘附近挖环状深沟,有利于树木根系向外扩展的方式属于( )。
    A. 树盘深翻　　　　B. 行间深翻　　　　C. 全面深翻　　　　D. 种植穴深翻

21. 适用于城区行道树的灌溉方式是( )。
    A. 单株灌溉　　　　B. 漫灌　　　　　　C. 沟灌　　　　　　D. 喷灌

22. 植物病害的最佳防治时期是( )。
    A. 接触期　　　　　B. 侵入期　　　　　C. 潜育期　　　　　D. 发病期

23. 紫外线、晒种、熏土、高温或变温土壤消毒等防治病虫害的方法属于( )。
    A. 物理机械防治法　　　　　　　　B. 生物防治法
    C. 化学防治法　　　　　　　　　　D. 植物检疫

24. 下列关于零点、零线的描述,不正确的一项是( )。
    A. 零点处不挖不填
    B. 零线是挖填方的分界线
    C. 同一方格内各角点施工标高有正有负,则必有零线
    D. 同一方格内各角点施工标高全为负,也可能存在零点

25. 下列关于给水管网的说法中,错误的是( )。
    A. 树状管网供水可靠性差
    B. 树状管网管线短
    C. 环状管网易造成"死水"
    D. 混合管网在实际工程中,应用广泛

26. 塑料薄膜湖底铺贴时衔接部位要重叠( )。
    A. 0.5 m 以上　　　B. 0.3 m 以上　　　C. 1.0 m 以上　　　D. 0.2 m 以上

27. 园路结构设计原则不包括( )。

    A. 薄面   B. 强基   C. 固基层   D. 稳基土

28. 园路设计对面层的要求不包括( )。

    A. 坚固   B. 光滑   C. 平稳   D. 耐磨耗

29. 岭南一带主要出产一种石面淡黄色的景石是( )。

    A. 黄蜡石   B. 太湖石   C. 青石   D. 三都石

30. 招标书的编制单位是( )。

    A. 建设单位   B. 设计单位   C. 施工单位   D. 承建方

二、判断题(共 27 小题,每小题 3 分,共 81 分)

31. 园林植物的水平分布主要受纬度、经度的影响。   ( )

32. 树种选择应以树种本身特性及其生态条件作为的基本因素来考虑。   ( )

33. 盛花花坛以表现图案为主,主要栽植低矮、耐修剪、生长缓慢的多年生植物。   ( )

34. 植物分类检索表是识别和鉴定植物的工具。   ( )

35. 乌桕叶片呈菱形,秋叶变红,可在草坪上孤植。   ( )

36. 岁寒三友指的是"蜡梅、迎春、山茶"。   ( )

37. 百日草是常见的花坛、花境材料,也可用于丛植和切花。   ( )

38. 花叶芦竹主要用于水景园林背景材料。   ( )

39. 草坪修剪机的剪草高度应遵循 1/3 法则,选择合适的剪草高度。   ( )

40. 园林机具每班作业后,应彻底清洗干净,并涂上防锈油。   ( )

41. 喷灌系统的布置主要考虑喷头的选择、配置、安装以及管网的布置等。   ( )

42. 树木移栽时,保持树体水分平衡是栽植成活的关键。   ( )

43. 裸根苗在运输前一般应对根部做好保湿处理。   ( )

44. 无土栽培可节水节肥。   ( )

45. 土壤黏性过重,可在土壤中掺入沙土或适量腐殖质以改良土壤。   ( )

46. 树木修剪是在整形的基础上根据某种目的而实施的。   ( )

47. 短截修剪时间的早晚、修剪量的大小都对树木生长有不同的影响。   ( )

48. 新梢摘心要摘得早、摘得少,摘心的效果就好。   ( )

49. 未腐熟的泥炭、锯木粉、谷糠、腐殖土等疏松剂可以改良土壤。   ( )

50. 花芽分化期施肥时以氮肥为主,为促进多开花、开好花打基础。   ( )

51. 废水、污水都可用作灌溉水。   ( )

52. 地形设计是指在场地上进行垂直于水平面方向的布置和处理,也称竖向设计。   ( )

53. 水头损失包括沿程水头损失和局部水头损失。   ( )

54. 瀑布上游应有深厚背景,否则"无源"之水不符合自然之理。   ( )

55. 园路根据造景需要,应随形就势,一般随地形起伏而起伏。   ( )

56. 假山与水景结合时的施工要点是防渗漏。   ( )

57. 公开招标也称无限竞争性招标,公开邀请承包商参加投标竞争,承包商可自愿参加,招标单位不得以任何理由拒绝投标单位参与投标。   ( )

三、简答题(共 3 小题,58 和 60 题各 10 分,59 题 9 分,共 29 分)

58. 请列举 5 种适宜作棚架绿化的木本植物。

59. 请简述绿篱整形修剪的方式及其适用范围。

60. 害虫的生活习性有哪些?

重庆市高等职业教育分类考试园林类专业综合理论测试模拟题试卷(五)

园林类专业综合理论测试题试卷共3页。总分200分。考试时间120分钟。

注意事项:

1. 作答前,考生务必将自己的姓名、考场号、座位号填写在试卷的规定位置上。
2. 作答时,务必将答案写在答题卡上。写在试卷及草稿纸上无效。
3. 考试结束后,将答题卡、试卷、草稿纸一并交回。

一、单项选择题(共30小题,每小题3分,共90分)

在每小题给出的四个选项中,只有一项是最符合题目要求的。

1. 下列属于挺水植物的是( )。
   A. 睡莲   B. 菖蒲   C. 凤眼莲   D. 王莲

2. 下列适合作篱垣及棚架绿化的藤本植物是( )。
   A. 一品红   B. 常春藤   C. 鹅掌柴   D. 海枣

3. 下列不属于一二年生植物的是( )。
   A. 郁金香   B. 鸡冠花   C. 万寿菊   D. 虞美人

4. 生物自然分类系统中,最基本的单位是( )。
   A. 界   B. 科   C. 属   D. 种

5. 下列属于秋色叶树种的是( )。
   A. 香樟   B. 小叶榕   C. 水杉   D. 桂花

6. 含羞草属于( )。
   A. 蔷薇科   B. 豆科   C. 木犀科   D. 十字花科

7. 叶子花属于( )。
   A. 常绿灌木   B. 落叶灌木   C. 常绿藤本   D. 落叶藤本

8. 下列属于球根花卉的植物是( )。
   A. 风信子   B. 虞美人   C. 瓜叶菊   D. 玉簪

9. 下列常用作盆栽的植物是( )。
   A. 玉兰   B. 悬铃木   C. 日本五针松   D. 垂柳

10. 下列属于园林养护机具的是( )。
    A. 植树机   B. 起苗机   C. 挖掘机   D. 修剪机

11. 将压力水以滴状、频繁、均匀而缓慢地滴入植物根区附近土壤的方法,称为( )。
    A. 滴灌   B. 微喷灌   C. 涌泉灌   D. 渗灌

12.营养液高温消毒处理的温度为(　　　)。

    A.80 ℃　　　　　　B.90 ℃　　　　　　C.100 ℃　　　　　　D.110 ℃

13.将容器每次沿一个方向原地转动45°左右称为(　　　)。

    A.上盆　　　　　　B.转盆　　　　　　C.翻盘　　　　　　D.倒盆

14.用于叶面施肥的尿素、硫酸铵、磷酸二氢钾溶液,浓度应控制在(　　　)。

    A.0.1% ~0.3%　　B.0.3% ~0.5%　　C.1.0% ~3.0%　　D.3.0% ~5.0%

15.下列基质中不属于有机材料的是(　　　)。

    A.蛭石　　　　　　B.木屑　　　　　　C.稻壳　　　　　　D.泥炭

16.无土栽培可比传统土壤栽培节肥(　　　)。

    A.10% ~20%　　B.30% ~40%　　　C.50% ~60%　　　D.70% ~80%

17.树木发芽后修剪,一般会(　　　)。

    A.增强长势、减少分枝　　　　　　B.增强长势、增加分枝

    C.减弱长势、增加分枝　　　　　　D.减弱长势、减少分枝

18.修剪主、侧枝延长枝,剪口芽应选在(　　　)。

    A.任意方向　　　B.枝条内侧　　　C.枝条外侧　　　D.枝条左、右侧

19.修剪主梢延长枝,应与上年延长枝的方向(　　　)。

    A.一致　　　　　　B.相反　　　　　　C.扭转90°　　　　　D.任意选择

20.豆科植物都伴有固氮根瘤菌,有利于加速土壤熟化,此种改良方式属于(　　　)。

    A.土壤酸化　　　B.土壤碱化　　　C.植物改良　　　D.动物改良

21.适用于标准运动场草坪的灌溉方式是(　　　)。

    A.单株灌溉　　　B.漫灌　　　　　C.沟灌　　　　　D.喷灌

22.在不良环境下,虫体暂时停止发育的现象称为(　　　)。

    A.趋性　　　　　　B.休眠　　　　　　C.食性　　　　　　D.假死性

23.一级古树的树龄是(　　　)。

    A.100 年以上　　B.100 ~300 年　　C.300 ~500 年　　D.500 年以上

24.下列关于人工挖方的说法,不正确的一项是(　　　)。

    A.平均每人作业面积为2.5 m^2

    B.土壁下不得向里挖土,以防坍塌

    C.开挖土方附近不得有重物和易坍落物体

    D.施工过程中,注意保护基桩、龙门板或标高桩

25.下列关于喷灌系统缺点的说法,正确的是(　　　)。

    A.易形成地表径流　　　　　　　B.对地形地貌要求较高

    C.受气候影响明显　　　　　　　D.水利用率低

26.驳岸伸缩缝宽度一般取(　　　)。

    A.5 ~10 mm　　B.10 ~20 mm　　C.20 ~30 mm　　D.30 ~40 mm

27.压模混凝土路属于(　　　)。

    A.整体路面　　　B.块料路面　　　C.碎料路面　　　D.简易路面

28.被誉为"石子画"的路面属于(　　　)。

    A. 整体路面   B. 块料路面   C. 碎料路面   D. 简易路面

29. 在内墙适当位置开成漏窗,称为(   )。

    A. 抱角   B. 镶隅   C. 尺幅窗   D. 无心画

30. 下列不属于施工承包合同中必须列出的主要条件的是(   )。

    A. 合同附件   B. 工程款支付方式

    C. 施工工期   D. 施工验收质量

二、判断题(共 27 小题,每小题 3 分,共 81 分)

31. 园林植物除具有观赏价值外,大部分还能制作药物、油料、香料等。   (   )

32. 花坛设计首先突出花坛自身的特色,其次再考虑风格、体量等与环境相协调。 (   )

33. 行道树常用的配植方式为群植。   (   )

34. 国际植物学会规定,植物的命名采用达尔文创立的"双名法"来命名。 (   )

35. 蜡梅常与南天竹配植,于隆冬时呈现红果、黄花、绿叶的景观。 (   )

36. 一品红最宜盆栽,是圣诞、元旦、春节等节日重要观赏盆花。 (   )

37. 蟹爪兰属于多肉多浆植物。 (   )

38. 竹类植物一生仅开花一次,竹子开花即意味着死亡。 (   )

39. 喷灌系统的布置主要考虑喷头的选择、配置、安装以及管网的布置等。 (   )

40. 喷头是喷灌系统的核心部件。 (   )

41. 手推式草坪修剪机转弯时,应两手将手把向下按,使前轮离地再转弯。 (   )

42. 花芽分化前后需要适度干旱,常采用"扣水"措施促进花芽分化。 (   )

43. 塑料大棚具有结构简单、建造与拆装方便、运行成本低等优点。 (   )

44. 苗木的年龄不会影响栽植成活及成活后的适应性和抗逆性。 (   )

45. 圆形土球软材包扎的常用方法有橘络形、井字形和五星形。 (   )

46. 环状剥皮的效果取决于环剥口的宽度,剥得越宽效果越好。 (   )

47. 折梢是在树木生长期进行的,盘枝是在树木休眠期进行的。 (   )

48. 良好的修剪状态是指剪口芽离剪口越近越好。 (   )

49. 土壤中大量的昆虫、线虫、细菌、真菌、放线菌等对土壤改良有积极意义。 (   )

50. 土壤施肥的深度应在 5 ~ 10 cm。 (   )

51. 根外追肥最好于阴天或晴天傍晚喷施。 (   )

52. 方格网法计算的原则是场地土方就地平衡。 (   )

53. 半固定式喷灌系统,泵站是固定的,管道和喷头是可移动的。 (   )

54. 除竹桩驳岸外,大多数驳岸的墙身通常采用浆砌块石。 (   )

55. 基层强度是影响道路强度的最主要因素。 (   )

56. 基础是影响假山稳定与景观的关键工序。 (   )

57. 园林工程投标报价偏离招标标底多,就难以中标。 (   )

三、简答题(共 3 小题,58 和 60 题各 10 分,59 题 9 分,共 29 分)

58. 行道树选择的要求有哪些?

59. 请简述塑料大棚的施工工序。

60. 园林植物的土壤管理内容有哪些?

重庆市高等职业教育分类考试园林类专业综合理论测试模拟题试卷(六)

园林类专业综合理论测试题试卷共 3 页。总分 200 分。考试时间 120 分钟。

注意事项:

1. 作答前,考生务必将自己的姓名、考场号、座位号填写在试卷的规定位置上。
2. 作答时,务必将答案写在答题卡上。写在试卷及草稿纸上无效。
3. 考试结束后,将答题卡、试卷、草稿纸一并交回。

一、单项选择题(共 30 小题,每小题 3 分,共 90 分)

在每小题给出的四个选项中,只有一项是最符合题目要求的。

1. 水生植物的栽培面积应不超过水面的( )。
   A. 1/5　　　　　B. 1/4　　　　　C. 1/3　　　　　D. 1/2/

2. 布置同一花坛,花卉的种类不宜过多,适宜的组成数量是( )。
   A. 1 ~ 3 种　　　B. 3 ~ 4 种　　　C. 4 ~ 5 种　　　D. 5 种以上

3. 下列不属于木质攀缘植物的是( )。
   A. 紫藤　　　　　B. 爬山虎　　　　C. 金银花　　　　D. 月季

4. "双名法"规定用两个拉丁词作为植物的学名,其中第一个词是( )。
   A. 纲名　　　　　B. 科名　　　　　C. 属名　　　　　D. 种名

5. 下列不是我国特有的植物是( )。
   A. 银杏　　　　　B. 金钱松　　　　C. 水杉　　　　　D. 海枣

6. 下列不是以叶作为主要观赏部位的植物是( )。
   A. 鹅掌楸　　　　B. 鹅掌柴　　　　C. 龟背竹　　　　D. 龙爪槐

7. 下列称为"兰中皇后"的植物是( )。
   A. 一叶兰　　　　B. 蝴蝶兰　　　　C. 蟹爪兰　　　　D. 龙舌兰

8. 大丽花属于( )。
   A. 兰科　　　　　B. 菊科　　　　　C. 百合科　　　　D. 石蒜科

9. 下列不宜作室内盆栽观赏的植物是( )。
   A. 广玉兰　　　　B. 虎尾兰　　　　C. 仙客来　　　　D. 天竺葵

10. 下列属于园林植保机具的是( )。
    A. 推土机　　　　B. 播种机　　　　C. 打孔机　　　　D. 喷雾机

11. 下列不属于喷灌系统的是( )。
    A. 水泵与动力机　B. 喷头　　　　　C. 风扇　　　　　D. 水源

12. 三角支撑最有利于带土球苗木的固定,支撑点应设在树体高度(   )。

    A. 1/2 处   B. 2/3 处   C. 1/4 处   D. 2/5 处

13. 挂营养液吊袋给大树补充生长营养,在树干的主干的中上部钻孔,深度为(   )。

    A. 2~4 cm   B. 4~6 cm   C. 6~8 cm   D. 8~10 cm

14. 目前温室微灌系统的主要方式是(   )。

    A. 滴灌   B. 微喷灌   C. 渗灌   D. 雾灌

15. 下列基质中,属于有机材料的是(   )。

    A. 蛭石   B. 堆肥土   C. 珍珠岩   D. 岩棉

16. 无土栽培可比传统土壤栽培节省劳力(   )。

    A. 10% 以下   B. 10%~30%   C. 30%~50%   D. 50% 以上

17. 下列不属于摘心目的的是(   )。

    A. 促发侧枝,扩大树冠   B. 有利于花芽分化

    C. 使枝条充实果实肥大   D. 培育延长枝与骨干枝

18. 欲保持主从分明、均衡树势,在对弱主枝上的侧枝或各级延长枝短截时应(   )。

    A. 强枝强剪,弱枝弱剪   B. 强枝弱剪,弱枝强剪

    C. 强枝强剪,弱枝强剪   D. 强枝弱剪,弱枝弱剪

19. 最有利于绿篱生长和发育的横断面形状为(   )。

    A. 方形   B. 球形   C. 杯形   D. 梯形

20. 下列属于迟效性肥料的是(   )。

    A. 尿素   B. 有机肥料   C. 碳酸氢铵   D. 过磷酸钙

21. 将尿素配成溶液状喷洒在植物的枝叶上的方法,属于(   )。

    A. 环状沟施法   B. 施射状沟施法   C. 穴施   D. 根外追肥

22. 为害植物后,植物产生许多缺刻、蛀孔、枯心、枝叶折断等症状的害虫是(   )。

    A. 蚜虫   B. 红蜘蛛   C. 介壳虫   D. 天牛

23. 二级古树的树龄是(   )。

    A. 100 年以上   B. 100~300 年   C. 300~500 年   D. 500 年以上

24. 对于填方土料的要求,以下说法错误的是(   )。

    A. 碎块草皮和有机质含量大于 8% 时,只能用于无压实要求填方

    B. 淤泥一般可作为填方料

    C. 一般中性黏土能满足各层填土要求

    D. 碎石类土可用于表层下填料

25. 下列关于盲沟排水的说法,错误的是(   )。

    A. 盲沟排水主要排除地下水,降低地下水位

    B. 盲沟排水取材方便,造价低廉

    C. 盲沟支管间距 8~24 m

    D. 盲沟排水需要附加雨水口和检查井等

26. 下列属于规则式驳岸的是(   )。

    A. 假山石驳岸   B. 仿树桩驳岸   C. 竹桩驳岸   D. 条石驳岸

27. 下列关于残疾人园路设计的说法,正确的是( )。

    A. 尽可能减小横坡

    B. 路面宽度不宜大于 1.2 m

    C. 道路纵坡一般不宜超过 8%

    D. 园路一侧为陡坡时,应设 20 cm 高以上的挡石

28. 园路照明的方式,不包括( )。

    A. 一般照明   B. 局部照明   C. 特殊照明   D. 混合照明

29. 下列适用于小型塑山及塑石( )。

    A. 砖骨架塑山   B. 钢骨架塑山   C. 竹木骨架塑山   D. 混凝土

30. 施工预算和施工组织设计编制单位是( )。

    A. 建设单位   B. 设计单位   C. 施工单位   D. 监理单位

二、判断题(共 27 小题,每小题 3 分,共 81 分)

31. 园林中没有植物就不能称为真正的园林。 ( )

32. 单面观赏的花境若以建筑物的墙基及各种栅栏为背景,应以绿色或白色为宜。 ( )

33. 行道树必须满足抗污染、耐修剪、寿命长、病虫害少、无刺等使用养护要求。 ( )

34. 蕨类植物可进行种子繁殖。 ( )

35. 棕榈属于常绿乔木。 ( )

36. 金盏菊常用来布置夏季花坛。 ( )

37. 鹅掌楸叶形奇特,花如金盏,是观花赏叶俱佳的园林植物。 ( )

38. 杜鹃是酸性土壤的指示植物。 ( )

39. 园林机具每工作一段时间,必须清洗或更换滑润油滤清器或滤芯。 ( )

40. 喷灌系统按管道可移动的程度,分为固定式、半固定式和移动式三类。 ( )

41. 园林机具应定期检查一些技术参数是否符合要求。 ( )

42. 野外搜集或山地苗可以直接作为绿地工程中的园林植物。 ( )

43. 裸根苗栽植时,将苗放入栽植穴,填入质量合格的土壤。 ( )

44. 验苗主要校验苗木的品种、规格、质量和数量。 ( )

45. 不论哪一种形式的塑料大棚,一般按东西长、南北宽的方向设置。 ( )

46. 园林植物整形修剪紧密相关,整形是手段,修剪是目的。 ( )

47. 绿篱修剪的方式可分为自然式和规则式。 ( )

48. 绿篱都是由常绿灌木或常绿小乔木树种组成的。 ( )

49. 培土是常用的一种土壤管理方法,培土厚度一般为 5～10 厘米。 ( )

50. 放射状沟施肥法是以树干为中心,向外挖 4～6 条渐远渐深的沟,将肥料施入沟内覆土踏实。 ( )

51. 残效期短的化学除草剂,可集中于杂草萌发旺盛期使用。 ( )

52. 振动压实适用于黏性土。 ( )

53. 泄水试验目的是检验管网是否有合理坡降,以满足冬季泄水要求。 ( )

54. 挖掘溪槽时,槽底设计标高以上应预留 30 cm。 ( )

55. 路堑型道路路面低于两侧地面,利用明沟排水。　　　　　　　　　　（　　）

56. 北海公园的濠濮涧和北京大学未明湖中均有青石精品。　　　　　　（　　）

57. 工程竣工验收是建设单位对施工单位承包的工程进行的最后施工验收,它是园林工程施工的最后环节,是施工管理的最后阶段。　　　　　　　　（　　）

三、简答题(共 3 小题,58 和 60 题各 10 分,59 题 9 分,共 29 分)

58. 下列植物中,哪 5 种属水生植物?（如有多答,按前 5 个评分）

肾蕨、花叶芦竹、水松、旱伞草、凤眼莲、芦苇、杜鹃、水杉、十大功劳、荷花、龙舌兰

59. 请简述摘心的作用及注意事项。

60. 保护古树名木的意义是什么?

重庆市高等职业教育分类考试园林类专业综合理论测试模拟题试卷(七)

园林类专业综合理论测试题试卷共3页。总分200分。考试时间120分钟。

注意事项:
1. 作答前,考生务必将自己的姓名、考场号、座位号填写在试卷的规定位置上。
2. 作答时,务必将答案写在答题卡上。写在试卷及草稿纸上无效。
3. 考试结束后,将答题卡、试卷、草稿纸一并交回。

一、单项选择题(共30小题,每小题3分,共90分)

在每小题给出的四个选项中,只有一项是最符合题目要求的。

1. 下列不属于挺水植物的是(   )。
   A. 荷花   B. 睡莲   C. 芦苇   D. 旱伞草
2. 下列宜作为广场、树坛、花坛等中心地点栽植的树种是(   )。
   A. 雪松   B. 杜鹃   C. 海桐   D. 紫薇
3. 下列不属于单子叶植物特征的是(   )。
   A. 胚内仅有1片子叶   B. 主根不发达,多为须根系
   C. 叶具网状脉   D. 茎内维管束散生,通常不能加粗生长
4. 下列属于观果类植物的是(   )。
   A. 佛手   B. 杜鹃   C. 八角金盘   D. 爬山虎
5. 海桐属于(   )。
   A. 常绿乔木   B. 落叶乔木   C. 常绿灌木   D. 落叶灌木
6. 下列不适宜作绿篱的植物是(   )。
   A. 红叶石楠   B. 红花檵木   C. 大叶黄杨   D. 悬铃木
7. 下列不适宜作香花树种的是(   )。
   A. 桂花   B. 栀子   C. 夹竹桃   D. 白兰花
8. 下列被称为"凌波仙子"的是(   )。
   A. 虞美人   B. 美人蕉   C. 水仙   D. 凤眼莲
9. 下列属于藤本植物的是(   )。
   A. 红叶李   B. 叶子花   C. 山茶花   D. 鹅掌柴
10. 下列不属于园林整地机具的是(   )。
    A. 推土机   B. 挖掘机   C. 起苗机   D. 旋耕机
11. 播种机属于(   )。

A. 整地机具　　　　B. 养护机具　　　　C. 灌溉机具　　　　D. 建植机具

12. 下列肥料适宜用作基肥的是（　　　）。

　　A. 尿素　　　　B. 磷酸二氢钾　　　　C. 饼肥、牛粪　　　　D. 过磷酸钙

13. 无土栽培营养液的 pH 值一般应保持在（　　　）。

　　A. 4.5～6.5　　　　B. 6.5～8.5　　　　C. 8.5～10.5　　　　D. 10.5～12.5

14. 上盆时为便于浇水、施肥，需要"留沿口"，即使基质面低于盆口（　　　）。

　　A. 1.5 cm　　　　B. 2.0 cm　　　　C. 2.5 cm　　　　D. 3.0 cm

15. 下列基质中属于无机材料的是（　　　）。

　　A. 泥炭　　　　B. 堆肥土　　　　C. 陶粒　　　　D. 木屑

16. 下列属于无土栽培缺点的是（　　　）。

　　A. 一次性投资较大　　　　　　　B. 费时费力

　　C. 对水肥需求量较大　　　　　　D. 产量不稳定

17. 下列缓放处理时，不做任何修剪的枝条是（　　　）。

　　A. 一年生枝　　　　B. 多年生枝　　　　C. 结果母枝　　　　D. 萌蘖枝

18. 春天观花的园林植物，其修剪一般应在（　　　）。

　　A. 春天开花前　　　　B. 春天开花后　　　　C. 秋冬落叶前　　　　D. 秋冬落叶后

19. 绿篱更新时，将地上部分全部锯掉，仅保留一段很矮主枝的方法称为（　　　）。

　　A. 平茬　　　　B. 台刈　　　　C. 疏干　　　　D. 疏枝

20. 适用于地势平坦的群植、片植的树木、草地及各种花坛的灌溉方式是（　　　）。

　　A. 单株灌溉　　　　B. 漫灌　　　　C. 沟灌　　　　D. 喷灌

21. 下列属于非侵染性病害的病原是（　　　）。

　　A. 冻害　　　　B. 真菌　　　　C. 细菌　　　　D. 线虫

22. 害虫逃避某种刺激因子的习性叫（　　　）。

　　A. 趋性　　　　B. 休眠　　　　C. 食性　　　　D. 假死性

23. 三级古树的树龄是（　　　）。

　　A. 100 年以上　　　　B. 100～300 年　　　　C. 300～500 年　　　　D. 500 年以上

24. 回填土下沉的原因，不包括（　　　）。

　　A. 每层厚度太薄　　　　B. 夯实遍数不够　　　　C. 杂物含量超标　　　　D. 虚铺超厚

25. 为防止地面排水对地表的冲刷，可以考虑的措施不包括（　　　）。

　　A. 工程措施　　　　B. 利用园路　　　　C. 利用地形　　　　D. 增大地面坡度

26. 下列关于湖的布置要点，说法错误的是（　　　）。

　　A. 湖址常选地势低洼处　　　　　　B. 湖址常选土壤抗渗性好的地方

　　C. 溢水和泄水通道视情况判断是否设置　　D. 岸线处理要具有艺术性

27. 下列关于软土路基处理的说法，错误的是（　　　）。

　　A. 抛石挤淤法加固　　B. 砂垫层法加固　　C. 振动压实　　　　D. 直接换土

28. 碎料路面不包括（　　　）。

　　A. 花街铺地　　　　B. 卵石路　　　　C. 雕砖卵石路　　　　D. 乱石路

29. 假山中讲到基础、拉底、中层、收顶和做脚概念，其中拉底位于（　　　）。

A. 收顶与中层之间　　　　　　　　B. 中层与基础之间

C. 基础与坑基之间　　　　　　　　D. 素土层与基坑之间

30. 意味着承发包双方经济关系的最后结束,承发包双方的财务往来结清的是(　　　)。

A. 施工调度　　　　B. 预验收　　　　C. 工程竣工验收　　　D. 工程竣工结算

二、判断题(共 27 小题,每小题 3 分,共 81 分)

31. 园林植物能够调节空气的温度和湿度、遮阳、防风固沙、保持水土。 (　　　)

32. 中心植是自然式配植的一种形式。 (　　　)

33. 棚架具有遮阳的功能,可供游人纳凉、休息。 (　　　)

34. 1735 年,瑞典博物学家达尔文将生物划分为植物界和动物界。 (　　　)

35. 侧柏是我国应用最广泛的园林树种之一。 (　　　)

36. 贴梗海棠是良好的观花、观果树种。 (　　　)

37. 香石竹是世界著名的切花花卉。 (　　　)

38. 结缕草是我国草坪植物中栽培最早、应用最多的一个草种。 (　　　)

39. 自走式草坪修剪机转弯时,应两手将手把向下按,使前轮离地再转弯。 (　　　)

40. 喷灌系统使用过程中,播种和幼嫩植物选用细小水滴的低压喷头。 (　　　)

41. 草坪修剪机的剪草高度应遵循 1/3 法则,选择合适的剪草高度。 (　　　)

42. 盆栽植物在设施内的摆放,喜光植物应摆放在光线充足的温室前、中部。 (　　　)

43. 行道树定点放线,一般以路牙或道路中轴线为依据,要求两侧对仗整齐。 (　　　)

44. 土壤施肥应遵循"薄肥勤施"的原则,防止烧根。 (　　　)

45. 水培是指不使用固体基质固定植物根系的无土栽培法。 (　　　)

46. 摘心和剪梢的对象都是新梢,操作方法相同,但程度有差异。 (　　　)

47. 园林树木生长期整形修剪的方法主要有短截、疏剪等。 (　　　)

48. 不同树种的芽,质量是有差异的,这种差异称为芽的异质性。 (　　　)

49. 一天内的灌溉时间最好在清晨进行。 (　　　)

50. 植物病虫害防治的原则是"预防为主,综合防治"。 (　　　)

51. 病原物传播的主要途径是空气、水、土壤、种子、昆虫等。 (　　　)

52. 挖方如遇超挖,施工方可根据情况自行处理。 (　　　)

53. 盲沟埋深通常在 1.2～1.7 m。 (　　　)

54. 用尼龙制作的喷头,主要用于高压喷头。 (　　　)

55. 道牙可使路面与路肩在高程上起衔接作用,并能保护路面,便于排水。 (　　　)

56. 云梯是山石掇成的室内楼梯。 (　　　)

57. 园林工程施工管理是具体落实规划意图和设计内容的极其重要的手段。 (　　　)

三、简答题(共 3 小题,58 和 60 题各 10 分,59 题 9 分,共 29 分)

58. 请列举 5 种秋叶变色的观叶植物。

59.怎样选留剪口芽?

60.灌溉的方式与方法有哪些?

重庆市高等职业教育分类考试园林类专业综合理论测试模拟题试卷（八）

园林类专业综合理论测试题试卷共 3 页。总分 200 分。考试时间 120 分钟。

注意事项：

1. 作答前,考生务必将自己的姓名、考场号、座位号填写在试卷的规定位置上。
2. 作答时,务必将答案写在答题卡上。写在试卷及草稿纸上无效。
3. 考试结束后,将答题卡、试卷、草稿纸一并交回。

一、单项选择题(共 30 小题,每小题 3 分,共 90 分)

在每小题给出的四个选项中,只有一项是最符合题目要求的。

1. 凤眼莲属于(　　)。
   A. 挺水植物　　　B. 浮水植物　　　C. 漂浮植物　　　D. 沉水植物
2. 下列不适宜作棚架绿化的植物是(　　)。
   A. 紫藤　　　　　B. 葡萄　　　　　C. 络石　　　　　D. 香樟
3. 国际植物学会采用双名法命名植物,创立"双名法"的瑞典博物学家是(　　)。
   A. 达尔文　　　　B. 林奈　　　　　C. 拉马克　　　　D. 华莱士
4. 下列园林树木中,不属于灌木的是(　　)。
   A. 小叶女贞　　　B. 蜡梅　　　　　C. 水杉　　　　　D. 紫荆
5. 梧桐属于(　　)。
   A. 落叶灌木　　　B. 常绿灌木　　　C. 落叶乔木　　　D. 常绿乔木
6. 下列植物中,秋季叶片变黄的是(　　)。
   A. 马尾松　　　　B. 石楠　　　　　C. 银杏　　　　　D. 红枫
7. 有花中"皇后"之称的是(　　)。
   A. 玫瑰　　　　　B. 月季　　　　　C. 牡丹　　　　　D. 康乃馨
8. 下列属于球根植物的是(　　)。
   A. 风信子　　　　B. 瓜叶菊　　　　C. 羽衣甘蓝　　　D. 狗牙根
9. 下列最宜用于足球场的草坪草是(　　)。
   A. 红花酢浆草　　B. 沿阶草　　　　C. 吉祥草　　　　D. 结缕草
10. 下列属于园林养护机具的是(　　)。
    A. 植树机　　　　B. 起苗机　　　　C. 挖掘机　　　　D. 修剪机
11. 利用微喷头将压力水均匀而缓慢喷洒在植物根系周围土壤的方法,称为(　　)。
    A. 滴灌　　　　　B. 微喷灌　　　　C. 涌泉灌　　　　D. 渗灌

12. 圆形土球软材包扎常用的方法不包括(   )。

    A. 橘络形　　　　　B. 井字形　　　　　C. 五星形　　　　　D. 方形

13. 下列不属于温室加温方法的是(   )。

    A. 热水　　　　　　B. 蒸汽　　　　　　C. 草帘　　　　　　D. 烟道

14. 盆内外光洁、轻巧,洗涤方便,不易破碎,适宜于长途运输的栽培容器是(   )。

    A. 瓦盆　　　　　　B. 釉盆　　　　　　C. 塑料盆　　　　　D. 木盆

15. 无土栽培中,推广面积最大的一种栽培方式是(   )。

    A. 水培　　　　　　B. 喷雾栽培　　　　C. 基质栽培　　　　D. 无基质栽培

16. 下列不适合作无土栽培基质的是(   )。

    A. 蛭石　　　　　　B. 岩棉　　　　　　C. 沙粒　　　　　　D. 砂壤土

17. 从一个节或芽中,长出两枝或多枝的枝条称为(   )。

    A. 平行枝　　　　　B. 重叠枝　　　　　C. 并生枝　　　　　D. 交叉枝

18. 对抗寒能力差的树种,修剪的适宜时期是(   )。

    A. 早春　　　　　　B. 夏季　　　　　　C. 秋季　　　　　　D. 冬季

19. 水杉作行道树时,常采用的整形修剪形式是(   )。

    A. 自然式　　　　　B. 杯状形　　　　　C. 伞形　　　　　　D. 开心形

20. 土壤中 pH 值过高,可用施用(   )改良。

    A. 草木灰　　　　　B. 硫磺粉　　　　　C. 石灰　　　　　　D. 砂砾

21. 要根据树木的用途,采用不同的施肥方案,观叶观形树应多施(   )。

    A. 磷钾肥　　　　　B. 钙镁肥　　　　　C. 氮肥　　　　　　D. 钾硼肥

22. 下列灌水方法中,较为节水的方法是(   )。

    A. 漫灌　　　　　　B. 沟灌　　　　　　C. 滴灌　　　　　　D. 喷灌

23. 采用整形修剪防治病虫害的措施属于(   )。

    A. 栽培防治法　　　B. 生物防治法　　　C. 化学防治法　　　D. 物理防治法

24. 下列适于大面积自然山水地形的土方计算的方法是(   )。

    A. 等高线法　　　　B. 垂直断面法　　　C. 水平断面法　　　D. 方格网法

25. 生态观光园的主要排水方式是(   )。

    A. 地面排水　　　　B. 明沟排水　　　　C. 管道排水　　　　D. 盲沟排水

26. 下列属于动态水景的是(   )。

    A. 湖　　　　　　　B. 池　　　　　　　C. 瀑　　　　　　　D. 潭

27. 园路主干道的宽度一般为(   )。

    A. 0.6 ~ 1.0 m　　　B. 1.0 ~ 2.0 m　　　C. 2.0 ~ 3.5 m　　　D. 3.5 ~ 6.0 m

28. 透水混凝土路面属于(   )。

    A. 整体路面　　　　B. 块料路面　　　　C. 碎料路面　　　　D. 简易路面

29. 下列石种色黄呈块状,整体性好,多用于瀑布跌水的是(   )。

    A. 宣石　　　　　　B. 黄石　　　　　　C. 青石　　　　　　D. 钟乳石

30. 下列园林工程施工招标方式中,最为常用的是(   )。

    A. 公开招标　　　　B. 邀请招标　　　　C. 议标招标　　　　D. 比选

二、判断题(共 27 小题,每小题 3 分,共 81 分)

31. 草本植物是园林绿化中的骨干材料。　　　　　　　　　　　　　　(　)

32. 规则式配植和自然式配植中都可采用对植形式。　　　　　　　　　(　)

33. 花坛内只能种植草本植物。　　　　　　　　　　　　　　　　　　(　)

34. 银杏被称为"行道树之王"。　　　　　　　　　　　　　　　　　　(　)

35. 双子叶植物一般主根不发达,多为须根系。　　　　　　　　　　　(　)

36. 木兰科的植物花大而美,多为重要的绿化、庭院树种。　　　　　　(　)

37. 南洋杉树形姿态优美,可用于盆栽观赏。　　　　　　　　　　　　(　)

38. 石竹广泛用于花坛、花境及作镶边植物。　　　　　　　　　　　　(　)

39. 园林机具应定期检查一些技术参数,对不符合要求及时进行调整。　(　)

40. 多雨地区为防止积水,可将栽植穴堆成馒头状。　　　　　　　　　(　)

41. 一般常绿树、名贵树和花灌木的起苗要带土球。　　　　　　　　　(　)

42. 倒盆是为了防止由于植物的趋光性而造成的盆栽植物偏冠生长。　　(　)

43. 屋顶绿化的排水层设在防水层之上,过滤层之下。　　　　　　　　(　)

44. 顶芽和侧芽都是定芽。　　　　　　　　　　　　　　　　　　　　(　)

45. 绿篱修剪时为保证剪口不裸露,剪口应保持在预定高度的 5 ~ 10 cm 以下。(　)

46. 观花类灌木幼树生长旺盛宜轻剪,以整形为主。　　　　　　　　　(　)

47. 追肥以速效肥为主,基肥以迟效肥为主。　　　　　　　　　　　　(　)

48. 树干涂白有防冻和杀死部分越冬虫害的作用。　　　　　　　　　　(　)

49. 卷干冬季可防寒,夏季可减少植物失水。　　　　　　　　　　　　(　)

50. 使用化学除草剂宜选择晴朗无风、气温较高的天气。　　　　　　　(　)

51. 树龄在 300 年以上的古树为一级。　　　　　　　　　　　　　　　(　)

52. 地形竖向设计应少搞微地形,尽可能进行大规模的挖湖堆山,增加景观效果。(　)

53. 计算土方工程量的方法中,估算法简便,但精度较差。　　　　　　(　)

54. 湖的景观特点是水面宽阔平静,具有平远开朗之感。　　　　　　　(　)

55. 为了便于排水,园路横坡一般在 1% ~4% ,呈双面坡。　　　　　　(　)

56. 以山石为材料作独立性或附属性的造景布置称为置石。　　　　　　(　)

57. 行道树定点放线时,一般以路牙或道路中轴线为基准。　　　　　　(　)

三、简答题(共 3 小题,58 和 60 题各 10 分,59 题 9 分,共 29 分)

58. 请写出 5 种常见的先花后叶的园林植物名称。

59. 带土球起苗的步骤是什么?

60. 园林植物休眠期整形修剪的方法有哪些?

重庆市高等职业教育分类考试园林类专业综合理论测试模拟题试卷(九)

园林类专业综合理论测试题试卷共 3 页。总分 200 分。考试时间 120 分钟。

注意事项:

1. 作答前,考生务必将自己的姓名、考场号、座位号填写在试卷的规定位置上。
2. 作答时,务必将答案写在答题卡上。写在试卷及草稿纸上无效。
3. 考试结束后,将答题卡、试卷、草稿纸一并交回。

一、单项选择题(共 30 小题,每小题 3 分,共 90 分)

在每小题给出的四个选项中,只有一项是最符合题目要求的。

1. 下列属于挺水植物的是(   )。
   A. 睡莲　　　　　　B. 芦苇　　　　　　C. 凤眼莲　　　　　　D. 王莲

2. 下列属于自然式配植的是(   )。
   A. 列植　　　　　　B. 圆形植　　　　　C. 丛植　　　　　　D. 三角形植

3. 国际植物学会采用双名法命名植物,创立"双名法"的瑞典博物学家是(   )。
   A. 达尔文　　　　　B. 拉马克　　　　　C. 林奈　　　　　　D. 华莱士

4. 下列乔木属于裸子植物的是(   )
   A. 合欢　　　　　　B. 樱花　　　　　　C. 悬铃木　　　　　D. 银杏

5. 下列植物在园林绿化中使用较少或不使用的是(   )。
   A. 蕨类植物　　　　B. 裸子植物　　　　C. 被子植物　　　　D. 藻类植物

6. 下列属于单子叶植物的是(   )。
   A. 木兰科　　　　　B. 禾本科　　　　　C. 蔷薇科　　　　　D. 杨柳科

7. 最适宜在滨水区域种植的植物是(   )。
   A. 垂柳　　　　　　B. 广玉兰　　　　　C. 雪松　　　　　　D. 鹅掌楸

8. 朱顶红属于(   )。
   A. 球根花卉　　　　B. 一二年生花卉　　C. 宿根花卉　　　　D. 水生花卉

9. 下列园林植物中,自然花期在春季的是(   )。
   A. 桂花　　　　　　B. 蜡梅　　　　　　C. 荷花　　　　　　D. 玉兰

10. 草坪修剪机属于(   )。
    A. 整地机具　　　　B. 建植机具　　　　C. 养护机具　　　　D. 植保机具

11. 下列不属于微灌系统组成部分的是(   )。
    A. 水源　　　　　　B. 灌水器　　　　　C. 输配水管网　　　D. 计算机

12. 带土球起苗时,用于对较粗根系的伤口进行杀菌消毒的试剂是(　　)。
　　A. 生根剂　　　　　B. 杀菌剂　　　　　C. 防腐剂　　　　　D. 杀虫剂

13. 带土球起苗时,土球高度通常为土球直径的(　　)。
　　A. 1/3　　　　　　B. 1/2　　　　　　C. 2/3　　　　　　D. 3/4

14. 由面积和结构相同的双屋面或圆拱形屋面温室连接而形成的超大型温室是(　　)。
　　A. 单屋面温室　　B. 双屋面温室　　C. 连栋温室　　　　D. 现代化温室

15. 相隔一段时间将盆栽植物搬动位置称为(　　)。
　　A. 转盆　　　　　B. 倒盆　　　　　C. 扦盆　　　　　　D. 排盆

16. 以下基质中有机质含量最为丰富的是(　　)。
　　A. 蛭石　　　　　B. 腐叶土　　　　C. 河沙　　　　　　D. 陶粒

17. 下列行道树中,不宜采用有中心干的修剪方式的是(　　)。
　　A. 银杏　　　　　B. 水杉　　　　　C. 雪松　　　　　　D. 悬铃木

18. 下列可用于削弱竞争枝长势或降低枝位的修剪方式是(　　)。
　　A. 轻短截　　　　B. 中短截　　　　C. 重短截　　　　　D. 极重短截

19. 割灌机修剪不适用于(　　)。
　　A. 不平坦草坪　　B. 足球场草坪　　C. 野生草丛　　　　D. 灌木

20. 树木松土适宜的深度为(　　)。
　　A. 4 cm 以下　　B. 5～10 cm　　C. 11～15 cm　　　D. 16～20 cm

21. 根外追肥一般选用易溶解的(　　)。
　　A. 有机肥　　　　B. 无机肥　　　　C. 菌肥　　　　　　D. 缓效性肥

22. 适用于株行距较大的树木、灌木的灌溉方式是(　　)。
　　A. 单株灌溉　　　B. 漫灌　　　　　C. 沟灌　　　　　　D. 喷灌

23. 病原菌从接触植物到侵入植物体内开始营养生长时期称为(　　)。
　　A. 发病期　　　　B. 潜育期　　　　C. 侵入期　　　　　D. 接触期

24. 施工放线所用木桩应标记桩号和(　　)。
　　A. 位置　　　　　B. 原地形标高　　C. 施工标高　　　　D. 设计标高

25. 雨水管道的最小覆土深度一般为(　　)。
　　A. 0.1～0.4 m　　B. 0.5～0.7 m　　C. 0.8～1.1 m　　　D. 1.2～1.5 m

26. 水体按水流的状态分为(　　)。
　　A. 规则水体和自然水体　　　　　　　B. 观赏水体和开展水上活动的水体
　　C. 静态水体和动态水体　　　　　　　D. 人工水体和天然水体

27. 园路主干道通常采用(　　)。
　　A. 条石路　　　　B. 卵石路　　　　C. 砖铺路　　　　　D. 混凝土路

28. 为方便排水,园路横坡一般设计为(　　)。
　　A. 1%～4%　　　B. 5%～8%　　　C. 9%～12%　　　D. 13%～16%

29. "攒三聚五"这种置石方式被称为(　　)。
　　A. 散置　　　　　B. 对置　　　　　C. 群置　　　　　　D. 特置

30. 园林工程施工组织设计的核心问题是(　　)。

A.施工进度计划　　B.施工方案　　　　　C.施工质量计划　　D.施工成本计划

二、判断题(共 27 小题,每小题 3 分,共 81 分)

31. 为了美化城市,园林绿化应多用名贵树种。　　　　　　　　　　　　　　　(　　)
32. 行道树种植属于规则式配植中的列植。　　　　　　　　　　　　　　　　(　　)
33. 双子叶植物的特征是叶具网状脉,主根不发达,多为须根系。　　　　　(　　)
34. 悬铃木可用作庭荫树和行道树。　　　　　　　　　　　　　　　　　　　(　　)
35. 按生活型对植物进行分类的方法属于自然分类法。　　　　　　　　　　(　　)
36. "岁寒三友""花中四君子"中都有的园林植物是梅和竹。　　　　　　　(　　)
37. 叶子花属于藤本植物,可用作花架的绿化。　　　　　　　　　　　　　　(　　)
38. 多浆及仙人掌类植物只能生长在沙漠地区。　　　　　　　　　　　　　(　　)
39. 喷头是喷灌系统中的重要设备,喷头性能的好坏直接影响喷灌质量。　(　　)
40. 园林机具在日常工作时,要经常注意各接头处有无漏油现象。　　　　(　　)
41. 施肥方法中的穴施适用于中龄以上乔木和大灌木。　　　　　　　　　　(　　)
42. 常绿树栽植适宜期为春季萌发新稍后至梅雨季节。　　　　　　　　　　(　　)
43. 花卉在花芽形成或花朵盛开时不宜更换容器。　　　　　　　　　　　　(　　)
44. 对土壤酸碱度调节时应把握"石灰改酸,石膏改碱,中和施肥"的原则。(　　)
45. 剪口芽对修剪整形有一定的影响,剪口芽向外侧,修剪后可使树冠向外扩张。(　　)
46. 芽是枝条、叶片及花器官的原始体。　　　　　　　　　　　　　　　　　(　　)
47. 夏季最好的灌溉时间是早晨和傍晚。　　　　　　　　　　　　　　　　(　　)
48. 除草时间应在杂草结籽成熟后。　　　　　　　　　　　　　　　　　　(　　)
49. 徒长枝是抽生长度超过长枝标准,节间过长,且芽发育不良的枝条。　(　　)
50. 休眠期是指落叶树木正常落叶前到翌春树液开始流动后的这段时间。(　　)
51. 贯彻"预防为主",喷药防治越早越好,有虫治虫,无虫防虫。　　　　(　　)
52. 水平断面法最适于大面积的自然山水地形的土方计算。　　　　　　　(　　)
53. 公园中用水量不大,但用水点集中。　　　　　　　　　　　　　　　　(　　)
54. 驳岸是两面临水的挡土墙。　　　　　　　　　　　　　　　　　　　　(　　)
55. 每级台阶应有 1% ~2% 的向下坡度,以利排水。　　　　　　　　　　(　　)
56. 假山基本结构可分为基础、拉底、中层、收顶和做脚五部分。　　　　(　　)
57. 做好水通、路通、电通、气通及场地平整工作,即"四通一平"。　　(　　)

三、简答题(共 3 小题,58 和 60 题各 10 分,59 题 9 分,共 29 分)

58. 请简要回答银杏的园林用途。

59. 园林植物整形修剪有哪些原则？

60. 改良城市园林土壤的措施有哪些？

重庆市高等职业教育分类考试园林类专业综合理论测试模拟题试卷(十)

园林类专业综合理论测试题试卷共3页。总分200分。考试时间120分钟。

注意事项:

1. 作答前,考生务必将自己的姓名、考场号、座位号填写在试卷的规定位置上。
2. 作答时,务必将答案写在答题卡上。写在试卷及草稿纸上无效。
3. 考试结束后,将答题卡、试卷、草稿纸一并交回。

一、单项选择题(共30小题,每小题3分,共90分)

在每小题给出的四个选项中,只有一项是最符合题目要求的。

1. 下列不宜作水生植物的是(   )。
   A. 睡莲   B. 荷花   C. 旱伞草   D. 仙人掌
2. 兼有观叶和观花特性的树种是(   )。
   A. 木槿   B. 蚊母树   C. 鹅掌楸   D. 一叶兰
3. 下列属于落叶灌木的是(   )。
   A. 苏铁   B. 红叶石楠   C. 迎春   D. 月季
4. 秋季叶片转变为红色的树种是(   )。
   A. 乌桕   B. 银杏   C. 金钱松   D. 梧桐
5. 下列属于宿根植物的是(   )。
   A. 大丽花   B. 郁金香   C. 鸡冠花   D. 玉簪
6. 下列属于乔木的是(   )。
   A. 香樟   B. 紫荆   C. 牡丹   D. 海桐
7. 下列属于常绿乔木的是(   )。
   A. 天竺桂   B. 天竺葵   C. 南天竹   D. 天门冬
8. 黄葛树属于(   )。
   A. 落叶灌木   B. 常绿灌木   C. 落叶乔木   D. 常绿乔木
9. 下列最宜用于运动场草坪栽植的是(   )。
   A. 吉祥草   B. 结缕草   C. 含羞草   D. 金鱼草
10. 水泵属于(   )。
    A. 整地机具   B. 灌溉机具   C. 养护机具   D. 植保机具
11. 下列不属于微灌系统组成的是(   )。
    A. 喷头   B. 水源   C. 集草袋   D. 水泵

12. 塑料大棚的方向设置一般为(   )。
    A. 东西长,南北宽　　　　　　　　　B. 南北长,东西宽
    C. 东西、南北等长　　　　　　　　　D. 以上均可

13. 三角支撑最有利于树体固定,支撑点应设在树体高度的(   )。
    A. 1/3 处　　　　　B. 1/2 处　　　　　C. 2/3 处　　　　　D. 3/4 处

14. 在栽植穴周围筑围堰时,围堰高度一般为(   )。
    A. 10 ~ 30 cm　　　B. 30 ~ 50 cm　　　C. 50 ~ 70 cm　　　D. 70 ~ 90 cm

15. 将栽培的植物转移到另一个盆中去栽的操作过程称为(   )。
    A. 转盆　　　　　B. 倒盆　　　　　C. 换盆　　　　　D. 翻盆

16. 下列不属于无土栽培基质处理方式的是(   )。
    A. 洗盐处理　　　B. 灭菌处理　　　C. 加入土壤　　　D. 基质更换

17. 习惯上将园林树木地下部称为(   )。
    A. 树根　　　　　B. 根颈　　　　　C. 树干　　　　　D. 树冠

18. 对抗寒能力差的树种,修剪的适宜时期是(   )。
    A. 早春　　　　　B. 夏季　　　　　C. 秋季　　　　　D. 冬季

19. 疏枝量占全树枝条的 10% 以下称为(   )。
    A. 轻短截　　　　B. 轻疏　　　　　C. 中疏　　　　　D. 回缩

20. 环状沟施肥时沟宽一般为(   )。
    A. 30 ~ 40 cm　　　B. 50 ~ 60 cm　　　C. 70 ~ 80 cm　　　D. 90 ~ 100 cm

21. 下列操作不能改良土壤的是(   )。
    A. 深翻熟化　　　B. 施有机肥　　　C. 施土壤疏松剂　　D. 灌水

22. 下列不可用于园林植物灌溉的是(   )。
    A. 井水　　　　　B. 河水　　　　　C. 污水　　　　　D. 自来水

23. 刺吸性害虫除直接危害植物外,最普遍的危害是(   )。
    A. 引发煤污病　　　　　　　　　　　B. 传播病毒病
    C. 造成失绿黄化病　　　　　　　　　D. 导致植物畸形

24. 具有三维空间表现力,能直观表达地形地貌的设计方法是(   )。
    A. 等高线法　　　B. 断面法　　　　C. 模型法　　　　D. 插入法

25. 园林地面排水主要排除(   )。
    A. 天然降水　　　B. 养护用水　　　C. 生活污水　　　D. 造景用水

26. 常用于城市广场、公共建筑或作为建筑、园林小品的水景形式是(   )。
    A. 喷泉　　　　　B. 瀑布　　　　　C. 溪　　　　　　D. 湖

27. 路面层结构中,位于路面最上层的是(   )。
    A. 面层　　　　　B. 结合层　　　　C. 基层　　　　　D. 垫层

28. 乱石路属于(   )。
    A. 整体路面　　　B. 块料路面　　　C. 碎料路面　　　D. 简易路面

29. 在基础上铺置假山造型的山脚石,术语称为(   )。
    A. 立基　　　　　B. 做脚　　　　　C. 收顶　　　　　D. 拉底

30. 园林工程施工的最后环节是(　　)。

　　A. 勘测　　　　　　B. 设计　　　　　　C. 管理　　　　　　D. 竣工验收

二、判断题(共 27 小题,每小题 3 分,共 81 分)

31. 珙桐、银杏、水杉都是我国特有的园林植物。　　　　　　　　　　　　　　(　　)

32. 园林树木的选择与配植应遵从美观、实用、经济相结合的原则。　　　　　(　　)

33. 裸子植物是当今世界上种类最多、数量最大、进化地位最高的一类植物。　(　　)

34. 针叶树都是常绿树。　　　　　　　　　　　　　　　　　　　　　　　　(　　)

35. 孝顺竹属于丛生型竹。　　　　　　　　　　　　　　　　　　　　　　　(　　)

36. 紫藤属于落叶藤本。　　　　　　　　　　　　　　　　　　　　　　　　(　　)

37. 金钱松、雪松、罗汉松、南洋杉和巨杉合称为世界五大公园树种。　　　　(　　)

38. 蕨类植物全部属于草本。　　　　　　　　　　　　　　　　　　　　　　(　　)

39. 园林植物栽培养护机具是园林植物生产必备的生产资料。　　　　　　　　(　　)

40. 长期不用时,应将机具停放在机具棚库内或地势较低的场地上。　　　　　(　　)

41. 围堰的内径要大于树穴直径,围堰要筑实,围底要平。　　　　　　　　　(　　)

42. 微灌技术是一项节水、高效的灌溉新技术。　　　　　　　　　　　　　　(　　)

43. 自来水、井水、河水和雨水是配制无土栽培营养液的主要水源。　　　　　(　　)

44. 土壤的施肥改良以施用堆肥、厩肥等有机肥为主。　　　　　　　　　　　(　　)

45. 遮阳是现代温室实现周年生产的必要手段。　　　　　　　　　　　　　　(　　)

46. 按芽的性质,只开花不长枝叶的芽称为纯花芽。　　　　　　　　　　　　(　　)

47. 自然式整形修剪多用于中篱和矮篱。　　　　　　　　　　　　　　　　　(　　)

48. 根外追肥应选择晴朗天气,中午阳光充足时进行。　　　　　　　　　　　(　　)

49. 咀嚼式口器的食叶害虫都是幼虫。　　　　　　　　　　　　　　　　　　(　　)

50. 无土栽培营养液必须含有植物生长发育所必需的全部营养元素。　　　　　(　　)

51. 古树一定是名木,名木不一定是古树。　　　　　　　　　　　　　　　　(　　)

52. 土方工程施工包括挖、运、填、压、修五部分内容。　　　　　　　　　　(　　)

53. 园林排水的对象主要是雨水和少量的生活污水。　　　　　　　　　　　　(　　)

54. 人工瀑布是指因山壁或河床的垂直高差而造成的突然下落的水。　　　　　(　　)

55. 广场的照明布置,一般是中心式,照射方向多射向广场四周。　　　　　　(　　)

56. 湖石是江南园林中运用最为普遍的一种石品。　　　　　　　　　　　　　(　　)

57. 工程监理是园林工程施工中的必需环节。　　　　　　　　　　　　　　　(　　)

三、简答题(共 3 小题,58 和 60 题各 10 分,59 题 9 分,共 29 分)

58. 园林植物按生活性分为哪几类?

59. 容器栽培栽后管理措施有哪些？

60. 古树名木衰老的原因有哪些？